U0095046

七彩数学

姜伯驹 主编

QICAISHUXUE

画图的数学

齐东旭 著

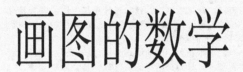

科学出版社

北京

内 容 简 介

本书通过画图的事情,谈数学之有趣与有用。

以计算机绘图为背景,围绕着到底什么是图、怎样画图、如何理解图等问题,讨论若干数学思想与数学技术的重要作用,与读者一起,在纷繁杂陈的图形世界里体会数学之美。

本书介绍插值、拟合、迭代、随机等数学技术。就"记数法"的话题,谈数与形的关联与转化;就"数学变换"的话题,谈计算机上能对图像作神奇的信息隐藏和伪装;就"视觉欺骗"的话题,谈计算机上画的图会使你上当受骗;就"画图无定式"的话题,谈突破常规的作图技巧可以在计算机上生成艺术作品,及获得数学上的新发现。

这是一本中学生和大学生的课外读物,也可供数学教师及从事相关研究的青年读者参考。只要有基本的高等数学与计算机知识,都会从本书的议论中得到有益的启示。

图书在版编目(CIP)数据

画图的数学/齐东旭著.—北京:科学出版社,2009
(七彩数学/姜伯驹主编)
ISBN 978-7-03-023514-5

Ⅰ.画… Ⅱ.齐… Ⅲ.几何-普及读物 Ⅳ.O18-49

中国版本图书馆 CIP 数据核字(2009)第 185775 号

责任编辑:陈玉琢/责任校对:陈丽珠

责任印制:吴兆东/封面设计:王 浩

科学出版社 出版
北京东黄城根北街 16 号
邮政编码:100717
http://www.sciencep.com

北京凌奇印刷有限责任公司印刷
科学出版社发行 各地新华书店经销

*

2009 年 1 月第 一 版 开本:A5(890×1240)
2024 年 5 月第六次印刷 印张:6 1/2
字数:93 000
定价:46.00 元
(如有印装质量问题,我社负责调换)

丛书序言

2002 年 8 月, 我国数学界在北京成功地举办了第 24 届国际数学家大会, 这是第一次在一个发展中国家举办这样的大会. 为了迎接大会的召开, 北京数学会举办了多场科普性的学术报告会, 希望让更多的人了解数学的价值与意义. 现在由科学出版社出版的这套小丛书就是由当时的一部分报告补充、改写而成.

数学是一门基础科学. 它是描述大自然与社会规律的语言, 是科学与技术的基础, 也是推动科学技术发展的重要力量. 遗憾的是, 人们往往只看到技术发展的种种现象, 并享受由此带来的各种成果, 而忽略了其背后支撑这些发展与成果的基础科学. 美国前总统的一位科学顾问说过:"很少有人认识到, 当前被如此广泛称颂的高科技, 本质上是数学技术."

在我国, 在不少人的心目中, 数学是研究古老难题的学科, 数学只是为了应试才要学的一门学科. 造成这种错误印象的原因有很多. 除了数学本身比较抽象, 不易为公众所了解之外, 还有学校教学中不适当的方式与要求、媒体不恰当的报道等. 但是, 从数学家自身来检查, 工作也有欠缺, 没有到位. 向社会公众广泛传播与正确解释数学的价值, 使社会公众对数学有更多的了解, 是义不容辞的责任. 因为数学的文化生命的位置, 不是积累在库藏的书架上, 而应是闪烁在人们的心灵里.

20 世纪下半叶以来, 数学科学像其他科学技术一样迅速发展. 数学本身的发展以及它在其他科学技术的应用, 可谓日新月异, 精彩纷呈. 然而许多鲜活的题材来不及写成教材, 或者挤不进短缺的课时. 在这种情况下, 以讲座和小册子的形式, 面向中学生与大学生, 用通俗浅显的语言, 介绍当代数学中七彩的话题, 无疑将会使青年受益. 这就是这套丛书的初衷.

这套丛书还会继续出版新书, 诚恳地邀请数学家同行们参与, 欢迎有合适题材的同志踊跃投稿. 这不单是传播数学知识, 也是和年轻人分享自己的体会和激动. 当然, 由于水平所限, 未必能完全达到预期的目标, 丛书中的不当之处, 也欢迎大家批评指正.

姜伯驹

2007 年 3 月

前　　言

　　数学三件事:计算、证明、画图.本书主要谈画图.

　　在人类文明的进程中,画图比计算与证明出现得更早.画图是很普通的事,谁都会做.人类自从会用工具,就会画图.为了表达与传递信息,谁都离不开用画图这一手段.有人说,各种各样的图所提供的可视信息,占信息总量的 80% 以上,可见对图的研究多么重要.

　　画图中的数学内容丰富多彩,从中学的平面几何到工程制图,都有成套的学问.时至当代,计算机与网络渗透到各个领域,只要想想每个家庭数码相机做下的事情,以及电影、电视、广告对你的包围,就不难理解可视信息越来越强烈地影响与冲击整个人类社会.

　　数学研究的是数与形以及它们之间的关联与转化,不能孤立地研究"形",特别是以计算机为工具的画图(图形生成、图像处理),或许涉及各个数学分支. 而纷繁杂陈、眼花缭乱的图形世界, 到了数字计算机里, 却是最简单不过的 0,1 码. 这是怎样转化的? 与传统观念有什么区别与联系? 本书打算部分地给出回答, 主要讲其中的数学道理, 而不是计算机绘图的技术说明书.

本书以计算机为背景, 力图以漫谈方式, 介绍画图中的某些数学基本知识. 如果说本书有其新意的话, 那么会表现在以下几点:

(1) 中学生、大学生乃至研究生皆可一阅. 具有微积分及计算机的基本知识的读者, 了解全书毫无困难. 对于想深入学习的读者, 书中部分章节、段落以及每章附加的思考题目, 提供了这样的空间. 某些内容或许导致有趣又有用的研究课题.

(2) 略掉不熟悉的内容, 仍可阅读. 各章之间的联系并不都很紧密, 因此可以从任何一章读起. 挑着看, 就像逛市场, 亦无不可. 若本书的某个图例能引起若干思考, 则恰是本书的目的.

(3) 书中插图很多. 除了明显是示意性的图解之外, 都在计算机上完成. 这就是说, 假若哪位读者愿意动手在计算机上试试, 那么本书的这类插图可作参考比较之用.

(4) 少有定理及其证明. 考虑到任何定理

及其证明的出现,必然吓走一批读者,因而本书不采用这种陈述方式.但为了说话方便,不得不写一些公式,读者可以跳过去.想仔细了解,有许多相关的教材或论文易于查到.

作者以可视数学(visual mathematics)的话题,为学生作过多次演讲,那些讲稿是写作的基础.数学天元基金热情支持本书的出版,并得到《七彩数学》丛书主编姜伯驹先生,以及冯克勤先生、许忠勤先生的热情鼓励;科学出版陈玉琢及湖南教育出版社孟实华同志对书稿做了认真编审。若没有这些帮助,这本薄书不能问世。研究生梁延研、马辉、李坚、叶梦杰等为本书完成大量的计算机插图.在此表示衷心感谢!

关于画图的数学,内容非常丰富。显然不可能在这么几个章节中给出全面阐述.因为难于找到可直接参考的同类图书,于是写在书中的仅为一家之言,难免偏颇与疏错,敬请诸君批评指正.最后说明一点:本书引用了网络下载的若干图例,其中,未能逐个准确标明出处的资料,实属追索困难,在此深表歉意.

齐东旭

2006 年 12 月 9 日

目　录

ix

1 绪　论

1.1　什么是图

人们说"百闻不如一见"、"一幅图抵得上一万句话",意思是作为传递信息的手段,画图比语言文字包含更丰富的内容.

图形有平面的、有立体的;有黑白的、有彩色的;有静止的、有运动的;有具体的、有抽象的.它可以是科学或工程上的表达与记录,也包括艺术作品中的影视、绘画和雕塑.有的图形呈现明确的意义,有的图形毫无所指,还有已经画好了的图形却称为"不可能图形".就连写在纸上的各种文字也是特定的图,只不过人们习惯上称它为"字"而已.

图形处处可见.可是如果问到底什么是图形,似乎人人明白,可谁也说不清楚.不过无论如何有一点共识,这就是:关于图形的学问属于数学.

来欣赏一件美术名作,它是法国画家勒内·马格利特于 1964 年完成的(图 1.1).画面上用法文写道"这不是烟斗".初看起来,这是一个玩笑,明明是烟斗却说"不是".其实,画家写得对,这确实不是烟斗(本身),而是表示烟斗的画,或者说是表示烟斗的符号.

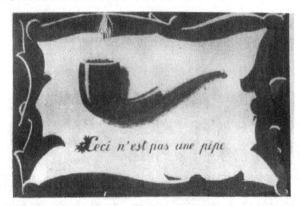

图 1.1 表示烟斗的绘画

再看看人人熟知的 $1, 0, 512, -3.14, \sqrt{2}$ 等,大家都说这是"数".其实,有谁见过数?数是抽象的.写出来、印在书上的是代表数的符号,是一种特别约定俗成的图.

在人类走出迷蒙的年代,围绕着数的表达,便开始了艰苦漫长的探索过程(图1.2).今天,表达数的十进制形式已经深入人心,甚至成为司空见惯、平淡无奇的事情,印在书上已经无需任何解释.实际上,数的表达是件大事,在后面章节中还要谈到.

图 1.2　表示数的符号

简陋的壁画与石刻,留下某些事件的记忆,继而象形文字(图1.3)的出现以特定的图示使彼此得以沟通.至于进入文明社会,随着图形和图像各种表达形式的发明创造,人类宝贵的文化遗产得以传播、继承.毫无疑问,绘画、雕塑、摄影、电视等层出不穷的艺术形式及科技手段,对人类文明进步产生了巨大影响.也许现在还难以想象,未来关于视觉信息将以什么形式出现,并怎样改变人类社会的面貌.

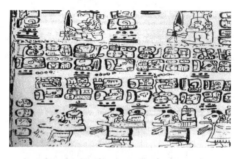

图1.3　古代象形文字

1.2　仿真与示意

可以把千变万化的图分为两类：一类是仿真的，另一类是示意的．

所谓仿真图形，是指图形与所要表示的对象看上去在形状上一致，如图 1.4(a)、(c)分别表示圆及螺线，它们分别是车轮及海螺形状的仿真．而示意图形则不强调与客观对象的形状相近，它着意于内在机理的数量关系．图 1.4(b)、(d)就是示意图．

005

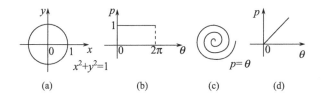

图 1.4　图形的仿真与示意

人们对仿真图形容易接受，而对示意图形往往难以理解，甚至产生误会．这是不奇怪的，因为仿真图形所表达的意义，可以与人的经验联系起来加以判断，从而理解其含义．而示意图形与作者的构思紧密相关，还与读者的逻辑推理能力紧密相关. 如果不了解作者的意图, 则很难明白示意图形的准确意义.

举例说, 你身份证上的照片, 让别人一看就认定是你. 可是, 如果把照片看成是一个二元函数的图像, 这个二元函数定义在一个矩形区域上. 这个区域上任意点处函数值, 恰好就是照片上这点的黑白程度, 而黑白程度(即灰度)是能用数来表示的, 不妨规定从 0 到 1 表示从白到黑的灰度水平. 这样一来, 照片不过是把函数的取值"画"在了定义域上, 如图 1.5(a)所示, 一看便知这是蒙娜丽莎脸部的"仿真"图形.

完全可以选择另外的做法. 例如, 把蒙娜丽莎脸部照片的灰度值, 看作高度, 那么二元函数可以画成一张曲面, 看上去犹如波澜起伏的山脉或者像是一副渔网, 如图 1.5(b)所示. 之所以从图 1.5(b)得出"山脉"、"渔网"的结论, 那是因为事先知道山脉、渔网是什么样子, 是从经验得到的结论. 现在, 蒙娜丽莎的脸部表达问题转换成曲面表达方式, 方式不同但实际上它仍然是"蒙娜丽莎脸"的表达, 只不过没有明显的"仿真迹象"罢了. 当然, 蒙娜丽莎本人不能把图 1.5(b)用在身份证上. 由这个例子知道, 同一对象可以有不同的图示, 采用哪种图示要看实际需求.

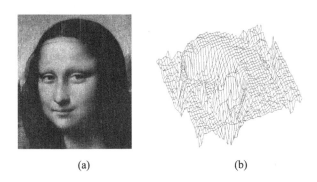

(a)　　　　　　　　　　(b)

图 1.5　蒙娜丽莎脸部的"仿真"(a)与相应的示意图(b)

1.3　作图工具

　　大自然造就无数壮丽的景象,那是令人感叹的图画,充满说不尽的精彩.这里谈的画图主要指人类的活动.

　　画图要用工具,最原始的作图工具是手指头、木棍之类,最原始的绘图载体是岩石、沙盘、木块、……,后来发明了笔和纸等.

　　数学中的作图,当然依赖于作图工具.使用什么样的工具可以作出什么样的图,这自然是应该弄明白的问题.数学的发展史上以平面几何中的尺规作图问题最为精彩,述说了作图工具对完成画图使命的重大影响. 在这里要多谈几句尺规作图,是因为这个问题是如此耐人寻味,以至于今天仍有人潜心研究,并时有精彩结果出现,并令人耳目一新.

使用圆规和无刻度直尺的作图是欧氏几何中训练思维的优美体操. 在这样的尺规工具限制下,大家都知道,三等分任意角、化圆为方、倍立方曾是一度令人陶醉的几何作图三大难题. 直到 1882 年,理论上证明了尺规之下它们不可能有解的最后结论.

有趣的是,尺规作图引起一系列的讨论,至今仍是吸引人的话题. 注意,通常说尺规作图用的直尺不带刻度,用的圆规没有"生锈". 对尺规做这个说明是必要的,因为一旦不是这样的情形,作图问题的解答会是另一番景象.

尺规作图所用的直尺,如果允许有刻度,那么对任意给定的角作三等分是易如反掌的(如图 1.6 所示的作法,借助于直尺上的一个刻痕,便轻易将给定的任意角三等分).

"生锈"圆规作图指的是用半径固定的圆规作图. 这个问题出现得很早,甚至著名画家达·芬奇也对此有过研究,一直持续到 20 世纪 80 年代,还不断有新的发现. 如果说,尺规作图

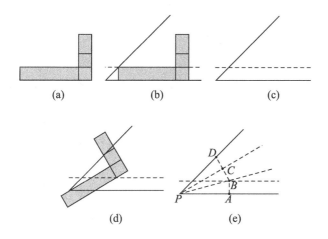

图 1.6 允许直尺有刻度的三等分任意角

中的尺允许带刻度,是放宽了对作图工具的限制.那么,另一个相反方向的思考是对作图工具严加限制,如只许使用一支"生锈"的圆规.把生锈圆规作图介绍一下,目的是体会作图与工具之间有趣的关系,以引起对工具变革的重视.读者完全可以越过这段内容进入下一节"画图方法".

下面介绍生锈圆规作图的一段故事.所谓生锈圆规的作图,并不要求画出直线,而要求是对一些点能给出确定的位置.为了方便但不失一般性,假定这生锈圆规只能画半径为 1 的圆.

要讨论的问题是:

已知两点 A,B,只用一把生锈的圆规,能否找出一点 C,使 $AC=BC=AB$?

这是著名的美国几何学家佩多在 1982 年提出的,称之为佩多问题.3 年过去了,仍然找不到作图方法.正当数学家们猜测这也许是一个"不可能"的作图问题时,中国科技大学的 3 位数学教师成功地给出了解答.下面梗概介绍其作图步骤,基本内容引自张景中《数学家的眼光》(1990),顺便提及:张景中先生在这本书里,还介绍了其他包括尺规作图在内的很多数学知识与思考方法,很值得研读.

作为预备知识,首先引入几则平面几何例题.

(1) 限制条件的佩多问题可解,条件是 $AB<2$.

解 以 A,B 为圆心作圆交于 D,G(交点必存在,因为生锈圆规所画圆弧的半径固定为 1),以 G 为圆心作圆,与圆 A,圆 B 分别相交于 E,F,以 E,F 为圆心作圆交于 C,则 C 使 $\triangle ABC$ 为正三角形(图 1.7).

据说这是佩多的一个学生无意之中画出的图,作法简单明确,证明也容易.正是这个简单的生锈圆规作图的实现,打下了佩多问题一般

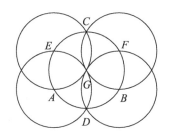

图 1.7　在满足条件 $AB<2$ 时 C 的定位

解答的基础.

（2）以 A 为中心,可以用生锈圆规向周围画出由边长为 1 的正三角形组成的点阵(只有顶点,不含各边).这个点阵可以看成以 A 为中心的、从小到大一系列正六边形组成.

（3）在点阵中找出一点 M,使 $MB<2$.于是根据(1),可以确定 E,使 $\triangle MBE$ 为正三角形.

（4）由于 M 是点阵中的点,那么在它同处一层的六边形上的点中,必能确定 D,使 $\triangle AMD$ 为正三角形(图 1.8).

（5）已知 P,Q 两点,用生锈圆规总能找到每段长度皆为 1 的折线将 P,Q 连结起来(此时线段是画不出来的,但折线的顶点得以确定,如图 1.9 所示).

（6）已知 D,M,E 3 点,确定 C,使 $\square DMEC$ 为平行四边形.

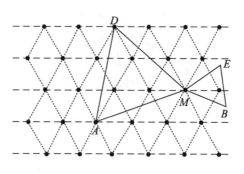

图 1.8　一系列正六边形组成的点阵

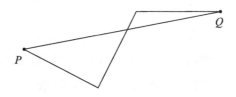

图 1.9　用边长为 1 的折线连接两点

上述 (2)～(5) 不难证实,对 (6) 略加说明如下:

根据 (5),将连结 D,M 的折线的顶点确定下来,再将连结 M,E 的折线的顶点确定下来(图 1.10).从 M 出发,分别在两个顶点系列中各选最近的一个,可得到点 (1),继而得到点 (2),(3).由 (1),E 得到 (4),由 (2),(4) 得到 (5),最后由 (3),(5) 得到 C.不难证明,如此确定下来的 C,使 $\square DMEC$ 为平行四边形.

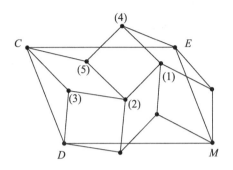

图1.10 用生锈的圆规从已知3点确定第

4个点使之成为平行四边形

把上面(1)~(6)这 6 个生锈圆规的作图问题依序完成,剩下要做的事情就是要证明找到的 C,就是使 △ABC 为正三角形的点(图 1.11,留给读者补证).

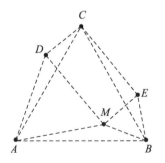

图 1.11 已知 △AMD 和 △MBE 为正三角形,

▱DMEC 为平行四边形. 证明 △ABC 为正三角形

从尺规作图的故事可以想到如下几点:

（1）画图中的数学问题，引人入胜，很有趣、非常美！尺规作图的研究，最初也许由实用驱使.但后来，直至现在，总的说来，那是智力的挑战，并不是为了应用.

（2）画图中的数学问题，其前提是工具的选择.新的画图工具出现，对数学的研究提出了新的问题.

尺规作图的热潮早已过去，现在是计算机时代.以计算机为工具的作图，会是怎样的？它将导致数学上的新思考是什么？或者认为得到了一个好用的工具，仅此而已？将在讨论微积分中的作图之后，专注这一计算机画图的话题.

1.4　微积分中的作图

在学习一元微积分的时候，总是在结束微分学内容之后完成许多关于一元函数作图的练习.以微分学为基础的函数作图，并不着重作图工具，而是强调画图方法.讨论的问题是一元函数 $y = f(x)$ 的图像绘制.一般说来，遵循如下步骤：

（1）确定函数的定义域；

（2）求出函数可能存在的间断点、零点、不可微点、驻点、拐点；

（3）分段讨论函数的升降与凸凹性质；

（4）分析函数的渐近性；

（5）汇总上面的结论,通常列出一张表格,帮助最后的作图.

例如,给定 $y = \dfrac{4(x+1)}{x^2} - 2$,按前面的步骤,最后形成表格如表 1.1 所示,且有渐近线 $y = -2, x = 0$.根据表 1.1 中所列的函数定性分析结果,勾画出图形如图 1.12 所示.

表 1.1

x	$(-\infty, -3)$	-3	$(-3, -2)$	-2	$(-2, 0)$	$(0, +\infty)$
$f'(x)$	$-$	$-$	$-$	0	$+$	$-$
$f''(x)$	$-$	0	$+$	$+$	$+$	$+$
$f(x)$	↗	-2	↘	↘	0	↗
$y = f(x)$	凸,减	拐点	凹,减	极值点	凹,增	凹,减

微积分学中讨论的这种画图方法在理论上是严谨的.然而仔细想来,它只对光滑性好的、简单的函数实用.如果给定的函数比较复杂,常常采用描点法画图.

所谓描点法,就是对于自变量的数值

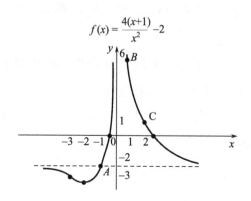

$$f(x) = \frac{4(x+1)}{x^2} - 2$$

图 1.12 函数 $y = \dfrac{4(x+1)}{x^2} - 2$ 示意图

$x = x_i$，按函数的表达式计算出相应的函数值 $y_i = f(x_i)$，从而得到平面上一个点 (x_i, y_i). 如果 $i = 1, 2, 3, \cdots, N$，即取一系列的点，当点的数目 N 足够大，这些点足够密集，不管是否用折线连接这些点，只要把 $(x_i, y_i), i = 1, 2, 3, \cdots, N$ 画在纸上，就看到了给定函数的图形轮廓(图 1.13).

在微积分的画图中，描点法画图被认为不严密而不可取，因为不管画出的点有多么密，总可能漏掉某些特殊情况.

然而现代数字计算机上的画图，描点这种离散的作图方法成为绘图的基本途径.

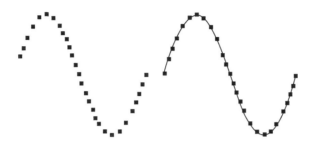

图 1.13 离散点给出的函数图形轮廓

1.5 计算机屏幕上的像素

前面谈过尺规作图. 从实用的角度说, 仅以尺规为画图工具, 能做的事很受限制. 于是工程师们的绘图板前面多了云形规、曲线板之类的附加工具, 帮助他们画图. 无独有偶, 这个时期的工程师, 腰间都很神气地挎着一把计算尺, 帮助他们计算. 说的这些都是计算机被广泛使用之前的事. 如今, 工程师办公室里那一盒又一盒的曲线板以及腰上的计算尺早就不见了, 一台个人手提计算机已经可以轻松地绘制复杂的机械零部件图纸, 同时完成大量的工程计算. 在画图方面, 计算机能做的远非尺规作图所能比拟,这已是不可同日而语的两个画图世界!

计算机绘图何以如此神奇?其实计算机的童年幼稚得很,只会计算不能画图.后来计算机技术上的进步使得能够在适当的外部设备上打印或显示出一个点(这个革命性的开端,其功劳属于美国麻省理工学院(MIT)的计算机科学家.至于怎样做到这点涉及电子学知识,本书不作介绍),于是"点动成线、线动成面",直到完成非常复杂的图形绘制.

大家都知道,计算机的屏幕是密密麻麻的所谓像素排列而成的点阵.计算机屏幕上显示的画面,其结构如同运动会上众人组成的图形,组成画面的每个人,就是"像素"(图1.14).

像素(pixel),指的是计算机屏幕离散显示的最小单元,因而有尺寸上的大小,不是数学上说的"点".像素的大小甚至可以自己定义(参见第6章).

像素被赋值3个分量R,G,B,分别给出红、绿、蓝3种色彩的数量指标,因而计算机屏幕显示的图可以有不同的色彩与灰度.这样看来,一幅计算机屏幕显示的图,通常就是以像素的灰度数值为元素的矩阵.换句话说,用计算机作的图画本质上就是一组数据(图1.15).图1.15(a)

图 1.14　计算机屏幕上显示的画面,其结构
如同运动会上众人组成的图形

为一张具有 32 个灰度等级的图片(表示一只眼睛),图 1.15(b)是放大后的图片,可看清像素灰度的差别,图 1.15(c)给出这张图片相应的像素的灰度值.

　计算机屏幕上离散的点组成的画面,人们感

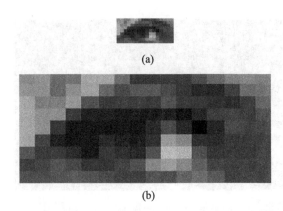

(a)

(b)

160	168	136	144	184	184	136	64	64	72	72	96	128	152	160	152
168	168	128	168	184	128	96	112	112	96	64	40	40	80	136	144
184	152	152	176	104	72	80	80	72	104	72	72	56	48	80	128
184	168	168	72	32	32	24	24	16	24	8	40	80	88	80	104
184	168	64	16	16	16	16	8	40	96	40	0	40	96	88	96
184	88	32	16	24	48	32	24	56	176	160	56	48	72	80	88
104	72	72	48	24	72	56	40	104	200	192	104	64	72	72	88
72	88	104	96	64	64	88	104	160	176	160	120	88	80	80	88
96	96	104	112	104	96	80	80	104	96	120	136	112	80	88	88

(c)

图 1.15　32 个灰度级的图片及相应的 32 个

灰度级的数字矩阵

觉不到离散,那是眼睛的分辨能力所限. 如果从
黑到白分成 256 个等级,全黑用 0 表示,全白用
255 表示,那么一般人难以察觉在 15 个灰度单位
内的差异,这些视觉生理特性,为图像信息处理
的某些问题(参见本书第 6 章)所关注与利用.

1.6 计算机显示直线

计算机屏幕上显示的任何文字、符号、图像,包括界面菜单、各种指示,都由像素组成.下面图例是屏幕上的直线:

(1) 斜率为 1 的直线,开个窗口放大它,如图 1.16 所示.可见,直线是一系列的像素连接而成的.

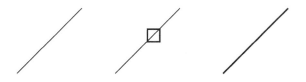

图 1.16 斜率为 1 的直线

(2) 如果直线段的斜率不为 1,那么经放大可看到它将出现水平(或垂直)方向连接两个或以上像素的情况,如图 1.17 所示.

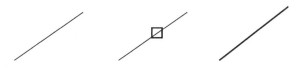

图 1.17 斜率不为 1 的直线

以上例子是以单个像素连接表示的直线段,这时显示的线比较细.如果显示较粗的线条,那么请看图 1.18.

图 1.18　显示较粗的线条

1.7　计算机显示曲线

这里介绍一种用一串数来表示平面曲线的方法,这一串数称为链码.

前面已说过,计算机屏幕是个矩形的、由像素组成的点阵.用黑圆点表示计算机屏幕上的像素.除了排在 4 个边界上的点之外,每个内部的点都有 8 个相邻的点.将这 8 个邻点顺次编号 0,1,2,3,4,5,6,7,如图 1.19(a)所示.

假定平面上有一个点 P,P 这个符号之后记上它现在的邻点编号,如 $P1$ 表示 P 与它东北方向的邻点连接.假若写 $P10$,意味着在 P 的 1 号邻点处,接着走到当地的 0 号邻点.如此下去,如图 1.19 (b)中的黑点作成的曲线,其链码为 $P1077113$;反之,若给出 $P21100776655455$ $67700110077766554434544434$,那么这个链码表达了图 1.19(c)中黑色像素显示的曲线.

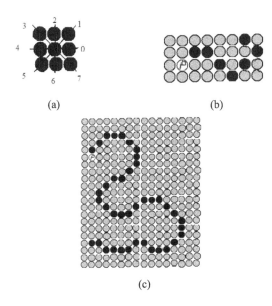

(a)

(b)

(c)

图 1.19   邻点的编码及平面曲线与链码的对应

链码的办法很简单,但是有两个缺点.首先,链码往往很长;此外,一旦链码中的某一个数码出错,哪怕后面的数码没有错,表达的曲线会出现偏离,这不是所希望的.因此,人们寻求各种各样的方法解决曲线的表达问题,这就是计算几何中的方法,如贝济埃方法、样条函数等

(参见第 4 章).

计算机上的画图,归根结底是基于"点"的显示.屏幕上的点(像素)除了它的位置之外,还有其他属性(灰度、颜色),这些属性都用数字标注.这样一来,图形与数字之间建立了对应关系.于是图被数字化了!

图的数字化带来了一系列的变革,如以数据形式的存储与传输,突破了古老的录送方式,图画原作得以快速、精确而稳定的保留或复制,画面尺寸的改变随心所欲,视觉信息与其他类型信息(如声音)之间呈现了明显的共性,使得能够相互转化.

1.8 屏幕上的视觉欺骗

现在回过头来再谈谈描点法.如前所述,计算机绘图以像素为基础.于是描点法成为根本手段.那是否可以认为有了计算机,描点法就变成一种严密的方法了呢? 不能简单地这样说! 立足于像素的画图,由于计算机超人的计算能力,使得能画出的点非常密集,虽然漏掉的地方可能出现反常,但对大量的实际问题来说,反常情况认为并不经常出现,因而一般说来,计算机画图还是可以信赖的.

值得注意,人们可能受计算机画图的欺骗.

下面的例子说明,即使光滑性非常好的函数,得到它的理想图示也可能相当困难.一个激烈震荡的函数,用描点法给出的图形,有可能被错误地判读.

设 $y=f_n(x)=\sin(nx)$,$x\in[0,2\pi]$,其中,n 为正整数.取 $\pi\approx 3.1416$,从 $x_0=0$ 开始,以 Δx 为步长,计算$(x_i,f_n(x_i))$,$x_i=x_0+i\Delta x$,$i=0,1,2,\cdots,M$;M 取决于 Δx 的选取.注意,以下的画图都是将计算出的点$(x_i,f_n(x_i))$显示出来,点与点之间不要连线.

令 $\Delta x=0.001$,$n=1,2,3,4,5$,看来很正常(图 1.20).然而,当 n 很大,如 $n=100$ 时,画$f_{100}(x)$,用不同的步长,则图示令人迷惑(图 1.21).这是由于计算机上的有限分辨率及人的视觉生理特点所造成的,可以而且应该研究什么情况下会出现这种困惑,这里不作引申.

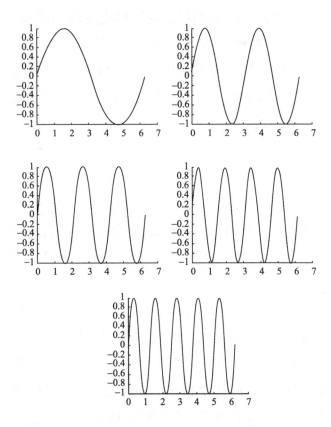

图 1.20　$y=f_n(x)=\sin(nx),n=1,2,3,4,5,$取 $\Delta x=0.001$

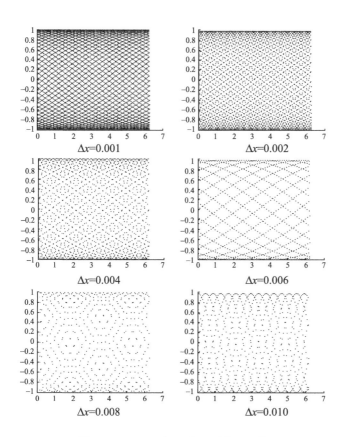

图 1.21 $y = \sin(100x)$，$x \in [0, 10\pi]$

小　　结

图被用来表达、存储、传递信息，成为越来

越重要的研究对象.画图工具的变革对数学的研究有直接的影响,特别是计算机的出现导致了许多新的数学问题需要研究.本书的目的是以计算机绘制与处理可视信息(图形、图像、视频)为背景,讨论画图中的数学问题,本章给出必要的准备知识.

思　考　题

1. 著名的美国几何学家佩多敏锐地感到生锈圆规作图可能隐藏着有趣的奥秘,于是精心设计了两个问题,本章所列的是其中一个. 请考虑另一个佩多问题:已知两点 A, B,只用一把生锈圆规,能否找出线段 AB 的中点 C?(因为没有直尺,线段 AB 并没有画出来)

2. 计算机屏幕上显示的直线段包含一系列像素.如果像素以整数坐标给出,又已知两点 P, Q 的坐标(整数),如何确定 P, Q 之间的像素?

由于绘制直线段是计算机绘图最基本、最大量的操作,因此确定 P, Q 之间的像素的算法应尽可能简单、运算量尽可能少,从而取得最快的显示速度.当设计了确定P,Q之间的像素的算法后,分析它的计算量,并考虑能否再减少?

3. 对有些函数的画图,计算机也无能为力.众所周知,计算机里记录数字,只有有限长度.因此计算机里不能完整地记录无理数.虽然计算机这个画图工具已经无比强大,但并不是什么样的函数都可以画出它的图来,如众所周知的狄利克雷函数

$$y = f(x) = \begin{cases} 1, & x \text{ 为有理数}, \\ 0, & x \text{ 为无理数}. \end{cases}$$

还能举出哪些使计算机为难的画图例子?

2 记　数

2.1　数 的 表 示

如何表示数? 人们最熟悉的系统是十进制. 在十进制记数法中,只要采用 $0,1,2,\cdots,9$ 这 10 个数字符号,就可以把所有非负整数通过有限形式表示出来. 例如,1999 可以写成

$$1999 = 1 \times 10^3 + 9 \times 10^2 + 9 \times 10^1 + 9 \times 10^0.$$

一般地说,对任意非负整数 N,可以写成

$$N = n_p \times 10^p + n_{p-1} \times 10^{p-1} + \cdots$$
$$+ n_1 \times 10^1 + n_0 \times 10^0, \qquad (2.1)$$

其中,$n_k \in S = \{0,1,2,\cdots,9\}, k = 0,1,2,\cdots,p.$

以后称 S 为数字符号集合.

彼此之间约定好,在十进制之下,将非负整数 N 记为

$$N = (n_p n_{p-1} n_{p-2} \cdots n_1 n_0)_{10}. \quad (2.2)$$

当然,谁也不会把右边的写法看成是连乘运算.

这个众所周知的十进制记数法,在数学发展的历史上起到基本重要的作用.引用吴文俊先生为《古老的梦》所写的序言,也见诸于《王者之路——机器证明及其应用》(吴文俊主编,湖南科学技术出版社,1999).

数学机械化之出现于古代中国,绝非偶然.这里有一层通常不为人所察觉更不易为人理解的深刻原因——记数的位值制的发明.

人人都知道记数的进位制.世界各古代民族,往往有着不同的进位制.例如,古巴比伦用六十进位制,古希腊与埃及用十进制,中美洲的玛雅民族则用二十进位制.然而,所有这些古代民族的进位制都是不完全的,更谈不上意义重大的位值制了.

位值制是中华民族的创造,是世界上独一无二的独特创造.

所谓位值制,说来平淡无奇.它无非是说在用 10 个符号来表达十进制整数时,每个符号依

据它在表达式中的不同位置,而有着不同的位值.例如,前面 1999 这个十进制数,出现 3 个 9,依序分别表示 900,90,9. 又如,写一个数 111,这里面 3 个同样的 1,由于它们的位置不同,而自左至右,分别代表着 100,10 和 1 三种不同的位值.但是,如果是二进制,则 3 个 1 分别代表 2^2,2 和 1 三种不同的位值,因而 111 相当于十进制中的 7. 这个平淡无奇的位值制,却有意想不到的作用. 为了说明这个问题,写出下面两段文字,这是吴文俊先生引用的一段评论:

在美国数学史家 A. Cajori 的著作《数学符号史》(*A History of Mathematical Notations*)一书的卷 1,第 70 页上,曾引述过法国曾当过拿破仑大臣的数学与天文学大师拉普拉斯的一段话. 文中的印度与印度人自然应纠正为中国与中国人.

"从印度人那里,我们学到了用十个字母来表示所有数的聪明办法,这个聪明办法,除了给每个符号一个绝对的值以外,还赋予了一个位置的值,这是一种既精致又重要的想法.这种想法看起来如此简单,而正因为如此简单,我们往往并未能足够认识它的功绩.但是,正由于这一方法的无比简单,以及这一方法对所有计算的无比方便,使得我们的算术系统在所有有用的创造中成为第一流的. 至于创造这种方法是多么困难,则只要看看下面的事实就不难理解. 这个事实是:这一发明甚至逃过了阿基米德与阿波罗尼斯的天才,而他们是古代两位最伟大的人物."

平淡无奇的位值制,逃过了阿基米德与阿波罗尼斯的天才,却诞生在古代的中华大地上.

古代的中华民族,就在这平淡无奇的位值制基础上,产生了机械化的四则运算法则,建立起数学大厦,创立了富有特色的东方数学——机械化数学. 吴文俊先生指出,中华民族创造的位值制(以及天元术等),体现了古代东方数学的结构性特点. 在这样特点的基础上产生并发展的数学机械化理论,使人类有希望逐渐实现前人的美梦.

说到前人的美梦,不能不想到法国伟大的数学家笛卡儿. 在《笛卡儿之梦》(*Descartes' Dream—The world according mathematics*, Philip J. Davis & Reuben Hersh, 1996)书中,有这样一段描述:

1619 年 11 月 10 日,这是个寒冷的夜晚. 在法国乌尔姆一座小村庄的小房子里,23 岁的法

033

国青年笛卡儿钻进壁炉中. 当他暖和过来的时候,产生了一种幻想. 他幻想的不是上帝,不是圣母,不是天神的战车,也不是新耶路撒冷,而是一个把所有科学统一起来的梦!

笛卡儿的幻想是将世界数学化,取消欧几里得古典几何中的没完没了的技巧,代之以自动化的方法. 他想要引导人们感到:解析几何如同一台庞大的绞肉机,你把问题从一头塞进去,然后只要摇动曲柄,就在另一头捧出了答案.

从笛卡儿之梦算起,十几代人过去了,他憧憬的世界数学化进程如何? 现在看来,令人愉快的事情很多.

物理学、化学、天文学等自然科学,在其理论方面,看来已是彻头彻尾的数学化了;有些原来感到不足以用数学表达和描述的现象,则能"发明"出个适当的数学,如生物数学、经济数学、金融数学等,并由此坚定了世界数学化的信念. 更有甚者,数学竟然跃跃欲试攀登与数学相隔甚远的人文与艺术的圣殿,从语言学、考古学,到作曲、舞蹈、绘画、雕塑、电影、……

数学以其抽象的、因而最具有概括力的特性,成为认识自然、认识社会、认识人类自己的最有力、最不可或缺的武器. 以高度抽象的数学为基础,发明和发展了最为具体的计算机这一工具,让整个世界聪明起来,可以说是人类进化的一次飞跃.既然数字化信息处理成为当代科学技术进步的标志,那么作为数字化过程最基本的数学技术(从抽象的理论到具体的算法)、数与形的关联和转化自然成为首要问题而被特别地关注.进而,从 Being Digital(数字化生存)的说法(万物归结为 0 和 1)出发,深入体会吴文俊先生关于位置制记数法的论述,显得十分必要.

2.2 二进制与 0,1 码

大家都知道,采用二进制时,任何一个正整数都可以用 0,1 这两个数字符号表示.这时,(2.1)式,(2.2)式右边出现的 10 均改成 2,其中,

$$n_k \in S = \{0,1\}, \quad k = 0,1,2,\cdots,p,$$

并且 10 与 2 分别称为十进制和二进制系统的基.用字母 b 表示基,对任意非负整数 N 写成一般形式如下:

$$N = n_p \times b^p + n_{p-1} \times b^{p-1} + \cdots$$

$$+ n_1 \times b^1 + n_0 \times b^0. \qquad (2.3)$$

大于 1 的任何正整数 a 均可作为表示非负整数的基.

实际上,对任意非负整数 N,总可以找到 $r_0 \in S = \{0, 1, \cdots, a-1\}$ 及非负整数 N_1,使得

$$N = N_1 a + r_0,$$

具有这种性质的最小的数字符号集合 $S = \{0, 1, \cdots, a-1\}$ 称为模 a 的完全剩余类. 进一步,存在非负整数 N_2 和 $r_1 \in S = \{0, 1, \cdots, a-1\}$,使得

$$N_1 = N_2 a + r_1.$$

如此进行下去,经过有限步,有 r_k 和 $r_{k-1} \in S = \{0, 1, \cdots, a-1\}$,使得

$$N_{k-1} = r_k a + r_{k-1},$$

依次回代得到

$$N = r_k a^k + r_{k-1} a^{k-1} + \cdots + r_1 a + r_0$$

或记为

$$N = (r_k r_{k-1} \cdots r_1 r_0)_a,$$

有时简写为

$$N = r_k r_{k-1} \cdots r_1 r_0.$$

这便是 a 进制系统.

以正整数为基的数系,常有特别的名字,开列如下:

(1) $b=2$：Binary；

(2) $b=3$：Ternary；

(3) $b=4$：Quaternary；

(4) $b=5$：Quinary；

(5) $b=6$：Senary；

(6) $b=7$：Septimal；

(7) $b=8$：Octonary；

(8) $b=9$：Nonary；

(9) $b=10$：Decimal or Denary；

(10) $b=12$：Duodecimal；

(11) $b=16$：Hexadecimal；

(12) $b=20$：Vigesimal；

(13) $b=60$：Sexagesimal.

特别地，$b=\varphi$：Golden mean base. 这个数系也叫做斐波那契（Fibonacci）数系，下面还要谈到它.

2.3 取负整数为基

当选取负整数 $a<-1$ 作为基的时候，容易验证只要用 $|a|$ 个数字符号，即

$$S=\{0,1,\cdots,|a|-1\} \qquad (2.4)$$

就可以把所有整数(包括负整数)表示出来. 如果选取基 $a=-2,S=\{0,1\}$,那么,如十进制中的 $5,-3$ 表示为

$$5=(-2)^2+1=(101)_{-2},$$

$$-3=(-2)^3+(-2)^2+1=(1101)_{-2}.$$

现在列表给出十进制前几个数与 $a=-2$ 之下的对应关系. 这时,表示负数可以不用负号(表 2.1):

表 2.1

$a=10$	$a=-2$	$a=10$	$a=-2$
1	1	-1	11
2	110	-2	10
3	111	-3	1101
4	100	-4	1100
5	101	-5	1111
6	11010	-6	1110
7	11011	-7	1001
8	11000	-8	1000
9	11001	-9	1011
10	11110	-10	1010
11	11111	-11	110101
12	11100	-12	110100
13	11101	-13	110111
14	10010	-14	110110
15	10011	-15	110001

2.4 数字符号集合 限定为 $S=\{0,1\}$

由(2.3)式似乎得出规则:a 进制下,用 $|a|$ 个数字符号,并且数字符号自然是 $0,1,\cdots,$ $|a|-1$.事实上,完全可以另行确定数字符号的个数,也可以规定另外的数字符号,不必过分强调它与基 a 的联系.举例来说,$a=3$,即三进制的情形,通常选择 $S=\{0,1,2\}$,也可以打破常规选择 $S=\{0,1,\overline{1}\}$,其中,数字符号 $\overline{1}$ 表示 -1,那么记数的形式完全不同.例如,如表 2.2 所示.这就是说,数字符号集合并不是一成不变的.

表 2.2

$(a)_{10}$	1	2	3	4	5	6	7
取 $S=\{0,1,2\}$	1	2	10	11	12	20	21
取 $S=\{0,1,\overline{1}\}$	1	$1\overline{1}$	10	11	$1\overline{1}\overline{1}$	$1\overline{1}0$	$1\overline{1}1$

进一步考虑现代数字计算机的特点.一切数据或操作归根结底的表达方式都是 0 与 1 组

成的集合,那么自然强调数字符号集合 $S=\{0,$ $1\}$ 这个特别情形. 但是,如果 $a\geqslant 3$, $S=\{0,1\}$, 那么会发现不是所有的数都能得到表示. 例如, 当 $a=3$ 时,有

$$(1)_{10} = (1)_3, \quad (3)_{10} = (10)_3,$$
$$(4)_{10} = (11)_3, \quad (9)_{10} = (100)_3, \cdots$$

然而,十进制的 $2,5,6,\cdots$ 却不能被表示.

在给定基 a,集合 S 时,哪些数可表示,哪些数不可表示,这是有意义的研究题目,下一节继续讨论.

如果把基的概念推广到复数中去,那么数字符号的个数与基之间的联系更为疏远. 下面讨论的是基为虚数的情况. 为了与上述 a 进制的说法区别开来,回到 (2.3) 式,用 b 表示数系的基,下面将取 b 为复数.

2.5　取复数为基

设 x, y 为实整数,则 $z=x+\mathrm{i}y$ 称为高斯整数 $(\mathrm{i}=\sqrt{-1})$. 若选定 b 为复数基,高斯整数可写成

$$Z = \sum_{j=0}^{k} r_j b^j.$$

这时称 Z 在 b 下是可表示的.

在 Z 的表示中,如果所有允许的 r_j 作成的集合形成模 b 的完全剩余类,便可以把整数基之下表示数的标准算法推广到复数基的情形.

例如,$b = -1+\mathrm{i}$,这时数字符号集合为 $S = \{0,1\}$,它可以成功地表示所有的复数(不只限于高斯整数).但是当 $b = 1-\mathrm{i}$ 时,不是所有的复数都能得到表示. 前者应该证明,后者可举反例,不作赘述. 还可以证明在高斯整数中,只有当 $b = -n+\mathrm{i}$ 和 $b = -n-\mathrm{i}$(n 为正整数)时,所有的高斯整数能得到表示. 根据这一结论,取 $b = 1-\mathrm{i}$ 时只可能表示部分高斯整数,那么要问:采用 $b = 1-\mathrm{i}$ 作为基,究竟哪些高斯整数可表示,哪些不可表示? 进而再问:可表示与不可表示的复数在平面上如何分布? 借助图像来研究这个问题.

把复平面分割成边长为 1 的正方形方块,每个方块

$$\{(x,y) \mid k \leqslant x \leqslant k+1, \quad l \leqslant x \leqslant l+1\}$$

对应一个高斯整数 $k+l\mathrm{i}$,把那些在基 $b = -1+\mathrm{i}$ 之下可以表示出来的高斯整数所对应的方块画

成阴影. 按照 $0,1$ 码表达复数的数字位数从少到多的次序进行, 将表示该复数的 $0,1$ 序列长度叫做复数的长度, 记为 L.

高斯整数 N 表示为

$$N = \sum_{j=0}^{k} r_j b^j = (r_k r_{k-1} \cdots r_2 r_1 r_0)_b,$$

$$r_j \in S = \{0,1\}.$$

首先看最简单的 $L=1$ 情形, 即 0 和 1 的排列仅有一位

$$r_0 = 0, \quad N \to 0,$$

$$r_0 = 1, \quad N \to 1.$$

把这两个复数画在复平面上, 如图 2.1(a) 所示.

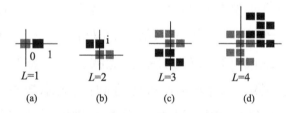

图 2.1 不同长度的复数

继续计算 0 和 1 的排列为两位, 即 $L=2$ 的情形,

$$r_1 r_0 = 10,$$

$$N \to 1 \times (i-1)^1 + 0 = -1 + i,$$

$$r_1 r_0 = 11,$$

$$N \rightarrow 1 \times (i-1)^1 + 1 = i.$$

把这新算出来的 2 个复数补画到复平面上,如图 2.1(b)所示.

当 $L=3$ 时,有

$$r_2 r_1 r_0 = 100,$$

$$N \rightarrow 1 \times (i-1)^2 + 0 \times (i-1)^1 + 0$$
$$= -2i,$$

$$r_2 r_1 r_0 = 101,$$

$$N \rightarrow 1 \times (i-1)^2 + 0 \times (i-1)^1 + 1$$
$$= 1 - 2i,$$

$$r_2 r_1 r_0 = 110,$$

$$N \rightarrow 1 \times (i-1)^2 + 1 \times (i-1)^1 + 0$$
$$= -1 - i,$$

$$r_2 r_1 r_0 = 111,$$

$$N \rightarrow 1 \times (i-1)^2 + 1 \times (i-1)^1 + 1$$
$$= -i.$$

把这新算出来的 4 个复数补画到复平面上,如图 2.1(c)所示.

继续做,当 $L=4$ 时,有

$$r_3 r_2 r_1 r_0 = 1000,$$

$$N \rightarrow 1 \times (i-1)^3 = 2 + 2i,$$

$$r_3 r_2 r_1 r_0 = 1001,$$

$$N \rightarrow 1 \times (i-1)^3 + 1 = 3 + 2i,$$

$$r_3r_2r_1r_0 = 1010,$$
$$N \to 1 \times (i-1)^3 + 1 \times (i-1)^1 = 1 + 3i,$$
$$r_3r_2r_1r_0 = 1011,$$
$$N \to 1 \times (i-1)^3 + 1 \times (i-1)^1 + 1 = 2 + 3i,$$
$$r_3r_2r_1r_0 = 1100,$$
$$N \to 1 \times (i-1)^3 + 1 \times (i-1)^2 + 1 = 2,$$
$$r_3r_2r_1r_0 = 1101,$$
$$N \to 1 \times (i-1)^3 + 1 \times (i-1)^2 + 1 = 3,$$
$$r_3r_2r_1r_0 = 1110,$$
$$N \to 1 \times (i-1)^3 + 1 \times (i-1)^2 + 1 \times (i-1)^1$$
$$= 1+i,$$
$$r_3r_2r_1r_0 = 1111,$$
$$N \to 1 \times (i-1)^3 + 1 \times (i-1)^2 + 1$$
$$\times (i-1)^1 + 1 = 2 + i.$$

把这新算出来的 8 个复数补画到复平面上,如图 2.1(d)所示.

如此下去,以 0 与 1 排列表示的高斯整数 N,换算成习惯上的表示并逐个画在复平面上,就会发现,0 与 1 的排列每增加一位,恰是前面已经画过的点组的复制.这不奇怪,只要注意在表达 N 的 0 与 1 的排列中,总是保证最高位为 1,那么

$$N = (r_k r_{k-1} \cdots r_1 r_0)_{i-1}$$

$$= (1r_{k-1}\cdots r_1 r_0)_{i-1}$$

$$= (i-1)^k + (r_{k-1}\cdots r_1 r_0)_{i-1},$$

并且由此不难猜到当 $L=5$ 时,即图 2.1 的延续,将是图 2.2.

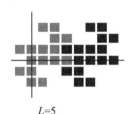

$$L=5$$

图 2.2　长度为 5 的复数

第 $k+1$ 次作图时,就是把第 k 次作出的 2^k 个方块平行移动得到.如此下去,可以证明覆盖了所有的高斯整数.

图 2.3 是高斯整数在 $b=i-1$ 之下继续生成的图形序列,其中,高斯整数的 0,1 码表示的长度分别是 $L=6,7,8,9,10,11$.

假若取 $b=1-i$,一般地,长度为 $k+1$ 时,有 2^k 个对应的高斯整数.这 2^k 个数可以写成

$$(1r_{k-1}r_{k-2}\cdots r_1 r_0)_{1-i}$$

$$= (1-i)^k + (r_{k-1}r_{k-2}\cdots r_1 r_0)_{1-i}.$$

这些数对应的 2^k 个方块,可以通过对长度 $\leqslant k$ 的那些已经画出阴影的区域沿向量 $(1-i)^k$ 做平行移动得到.如此下去,得到一个无限的锯

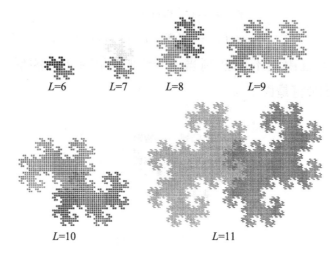

$L=6$　　$L=7$　　$L=8$　　　　$L=9$

$L=10$　　　　　　　$L=11$

图 2.3　高斯整数在 $b=i-1$ 之下生成的图形序列

齿拼图,如图 2.4(a)所示.

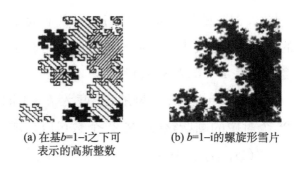

(a) 在基 $b=1-i$ 之下可　　　　(b) $b=1-i$ 的螺旋形雪片
　　表示的高斯整数

图 2.4　在基 $b=1-i$ 之下可表示的高斯整数

　　虽然画出的每一部分不断地扩张,并保持
螺旋式的向外延展,但绝不会覆盖整个平面.还有一个十分重要的现象:任意取定一个关于原点对称的区域,图 2.4(b)中无阴影区域与有阴影区域具有完全相同的形状. 也就是说,阴影区域绕原点旋转 180°即为无阴影区域.

用类似的方法,由基 $b=1-i$ 的共轭 $1+i$,也可以产生螺旋式的锯齿拼图,它与图 2.4 关于实轴对称.

但是,当取 $b=-1+i$ 时,用上面的绘图方式,不同位数的数所对应的方块正好搭接在一起,充满整个平面.

2.6 斐波那契数系

斐波那契(Leonardo Fibonacci)在 1202 年引入下面数列:

递归定义 $\quad F_0 = 0; \quad F_1 = 1;$

$\qquad F_n = F_{n-1} + F_{n-2}, n > 1.$

到了 19 世纪后半期,卢卡斯(Edouard Lucas)广泛研究这类数列,并由他普及了名称"斐波那契数". 斐波那契数列的通项公式为

$$F_k = \frac{1}{\sqrt{5}} \left[\left(\frac{1+\sqrt{5}}{2} \right)^k - \left(\frac{1-\sqrt{5}}{2} \right)^k \right].$$

斐波那契数的最重要的性质之一是以一种非常特殊的方式表示数.

记号 $j \gg k$ 表示 j 比 k 大很多. 值得注意的一个重要事实是:任何一个正整数都有唯一的表示

$$n = F_{k_1} + F_{k_2} + \cdots + F_{k_r},$$

$$k_1 \gg k_2 \gg \cdots \gg k_r \gg 0$$

(这是 Zeckendorf 定理).

例如,100 万这个数,表示为

$$1000000 = 832040 + 121393 + 46368 + 144 + 55$$

$$= F_{30} + F_{26} + F_{24} + F_{12} + F_{10}.$$

Zeckendorf 定理导致一种新的数系,使能把任何非负整数 n 表为 0 和 1 的序列,记为

$$n = (p_m p_{m-1} \cdots p_2)_F \Leftrightarrow n = p_m F_m + p_{m-1} F_{m-1}$$

$$+ \cdots + p_2 F_2, \quad p_j \in \{0, 1\}.$$

斐波那契数系的特别之处在于它的进位规则等价于以 F_{m+2} 代替 $F_{m+1} + F_m$. 在这种表示之下,不允许有两个相邻的 1 出现在序列中.

下面给出十进制下的 1~20 相应的斐波那契数系的形式:

$$1 = (000001)_F, \quad 11 = (010100)_F,$$

$$2 = (000010)_F, \quad 12 = (010101)_F,$$

$$3 = (000100)_F, \quad 13 = (100000)_F,$$

$4 = (000101)_F,\quad 14 = (100001)_F,$

$5 = (001000)_F,\quad 15 = (100010)_F,$

$6 = (001001)_F,\quad 16 = (100100)_F,$

$7 = (001010)_F,\quad 17 = (100101)_F,$

$8 = (010000)_F,\quad 18 = (101000)_F,$

$9 = (010001)_F,\quad 19 = (101001)_F,$

$10 = (010010)_F,\quad 20 = (101010)_F.$

数系的故事说不完,本书到此止住.

小　　结

除了给每个符号一个确定的值以外,还赋予了一个位置的值,这一中华民族创造的位值制记数法,体现了古代东方数学的结构性特点. 十进制最流行,却未必最好用、未必最合理. 不同数系下的不同记数方式,将有不同的应用效率. 无论怎样,位值制记数原理是最聪明的. 当代数字计算机,以 0,1 码为基础,因此强调用 0,1 两个符号表示数的这一特殊情形. 在计算机内部,一切图形信息都将转换成 0,1 码,于是研究图,就要研究数与形的关联与转化. 可见记数法是计算机画图十分重要的基础.

思 考 题

1. 选择 -2 为基,表示负整数时不出现负号.除此之外,这种记数方法还有什么特点?

2. 取复数基 $b = -1 + i$,数字符号集合为 $S = \{0, 1\}$.给定高斯整数 $5 - 3i$ 求出它相应的 0, 1 码.假若取复数基 $b = 1 - i$,$S = \{0, 1\}$,问 -1 能得到表达吗?

事实上,如果已知高斯整数 $P_0 + iQ_0$,在基 $b = -1 + i$ 下,假设它的 $0, 1$ 序列为

$$e_N e_{N-1} \cdots e_2 e_1 e_0.$$

因为 $P_0 + iQ_0 = e_N b^N + e_{N-1} b^{N-1} + \cdots + e_2 b^2 + e_1 b^1 + e_0 b^0$,换个写法

$$P_0 + iQ_0 = (-1 + i)(P_1 + iQ_1) + e_0$$
$$= -P_1 - Q_1 + (P_1 - Q_1)i + e_0,$$

其中,$e_0 \in S = \{0, 1\}$.由此推得

$$P_0 = -P_1 - Q_1 + e_0,$$
$$Q_0 = P_1 - Q_1.$$

从而得到递推算法

$$P_{k+1} = \frac{Q_k - P_k + e_k}{2},$$

$$Q_{k+1} = \frac{-Q_k - P_k + e_k}{2},$$

$$k = 0, 1, 2, \cdots.$$

据此,遵循如下规则:

如果 P_k, Q_k 奇偶性相同,则取 $e_k = 0$;

如果 P_k, Q_k 奇偶性相异,则取 $e_k = 1$.

然后,依序排列得到 $e_N e_{N-1} \cdots e_2 e_1 e_0$.

3. 1000000 这个十进制数,它的二进制表示为

$$2^{19} + 2^{18} + 2^{17} + 2^{16} + 2^{14} + 2^9 + 2^6$$

$$= (11110100001001000000)_2.$$

它在斐波那契数系下的表示是什么?在斐波那契数系下,文中提到的"不允许有两个相邻的 1 出现在序列中"这句话的意义何在?

3 坐　标

3.1　世界上本无坐标

　　世界上本无坐标,坐标的概念是人类悟性的产物.引入坐标,从而出现了坐标几何学,于是数与形建立了联系,给画图技术奠定了基础.

　　人们熟知的坐标概念,有直角坐标系、极坐标系、柱坐标系、球坐标系,…….推广一点,还有仿射坐标、曲线坐标等.当利用某种坐标系画图的时候,所画出的图与所选的坐标系紧密相关.也就是说,对同一个对象画它的图,选取不同的坐标系画出的图,形式上看会是很不相同的. 由图 1.4 以及图 3.1 可以体会坐标系的选取及坐标系之间的关系怎样影响对象的表达.

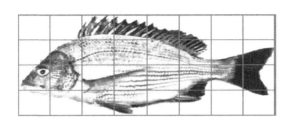

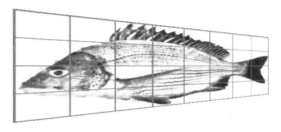

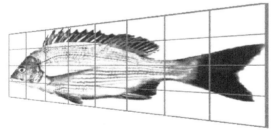

图 3.1　坐标系影响图的表达

3.2　面积坐标

面积坐标很有用, 但在一般教程中很少介

绍,因此这节将用较多的文字介绍它.首先回顾一下熟知的实数轴.在一条直线上取定一点作为原点,规定一个方向为正向,再规定一个长度单位,于是任何实数都与这条直线上的点一一对应,直线上的点所对应的数就是该点的坐标.实际上,还可以用另外的坐标来描述直线上的点.

在直线上取定线段 T_1T_2,它的长度为 L.如果规定直线上线段 P_1P_2(P_1, P_2 为始末两点)的长度为正,那么写成 P_2P_1 时,该线段的长度便是负值.

如果 P 位于 T_1, T_2 之间,记号 $\overline{PT_2}$, $\overline{T_1P}$ 分别表示线段 PT_2, T_1P 长度且

$$\frac{\overline{PT}}{L} = r, \qquad \frac{\overline{T_1P}}{L} = s,$$

这里 $r>0$, $s>0$.如果 P 位于 T_1T_2 之外,那么按照前面长度的正负值规定,r 与 s 中有一个为负数.不管 P 在哪里出现,总有 $r+s=1$.这样一来便将点 P 与 (r,s) 这一对数对应起来,(r,s) 叫做点 P 的"长度"坐标,记为 $P=(r,s)$.特别地,有 $T_1=(1,0)$,$T_2=(0,1)$.平面直角坐标系或极坐标系是实数轴向平面情形的推广.类比下来,平面上的"面积"坐标是上述"长度"坐标

向平面情形的推广.

取平面上的一个三角形 T, 其顶点为 $T_1 T_2 T_3$, T 的面积 $S_{r_1 r_2 r_3} = S$. 当 T 的顶点 $T_1 \to T_2 \to T_3$ 为反时针方向时, 规定 $S_{r_1 r_2 r_3}$ 的值为正; 否则, 顶点次序为顺时针方向时, 规定面积为负值. 对平面上的角度, 当 $T_1 T_2 T_3$ 为反时针次序, 规定 $\angle T_1 T_2 T_3$ 为正角, 否则为负角. 总之, 规定面积与角度都是有正有负的, 称之为有向面积或有向角.

任意给定平面上的一个点 P, 连接 PT_1, PT_2, PT_3 得到 3 个三角形(图 3.2(a)、(b)), 其有向面积分别记为

$$S_{PT_2 T_3} = S_1, \quad S_{T_1 P T_3} = S_2, \quad S_{T_1 T_2 P} = S_3.$$

于是给出了 3 个数

$$u = \frac{S_1}{S}, \quad v = \frac{S_2}{S}, \quad w = \frac{S_3}{S}, \quad (3.1)$$

这时数组 (u, v, w) 叫做 P 点关于三角形 T 的面积坐标, T 叫做坐标三角形. 从上面的规定知 u, v, w 可能出现负值(当 P 位于 T 之外). 但不论怎样, 总有

$$u + v + w = 1,$$

可见 u, v, w 并非完全独立, 任意指定两个值之后, 第 3 个值就确定了. 如果任意给定数组 $(u$,

$v, w)$ 且满足 $u+v+w=1$, 那么唯一地确定了平面上的点 P. 于是将这种一一对应的关系记为 $P=(u, v, w)$, 容易看出如下事实:

(1) $T_1=(1,0,0)$, $T_2=(0,1,0)$, $T_3=(0,0,1)$;

(2) 记通过 T_2, T_3 的直线为 l_1, 通过 T_1, T_3 及 T_1, T_2 的直线分别为 l_2 和 l_3, 那么

$$P \in l_1 \Leftrightarrow u = 0,$$
$$P \in l_2 \Leftrightarrow v = 0,$$
$$P \in l_3 \Leftrightarrow w = 0;$$

(3) 如果 P 位于坐标三角形 T 的内部, 则有 $u>0, v>0, w>0$. 平面上任给一个点, 它位于平面上图 3.2(c)所示的 7 个区域中的某个区域, 不难看出, 在这 7 个区域中, 点的面积坐标的符号呈现图中标出的规律.

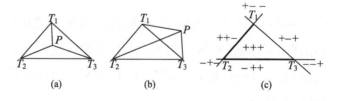

图 3.2　面积坐标

如果点 P 的直角坐标为 (x, y), T_1, T_2, T_3 的直角坐标分别为 (x_1, y_1), (x_2, y_2), (x_3, y_3),

则有

$$S = \frac{1}{2} \begin{vmatrix} 1 & 1 & 1 \\ x_1 & x_2 & x_3 \\ y_1 & y_2 & y_3 \end{vmatrix}, \quad S_1 = \frac{1}{2} \begin{vmatrix} 1 & 1 & 1 \\ x & x_2 & x_3 \\ y & y_2 & y_3 \end{vmatrix},$$

$$S_2 = \frac{1}{2} \begin{vmatrix} 1 & 1 & 1 \\ x_1 & x & x_3 \\ y_1 & y & y_3 \end{vmatrix}, \quad S_3 = \frac{1}{2} \begin{vmatrix} 1 & 1 & 1 \\ x_1 & x_2 & x \\ y_1 & y_2 & y \end{vmatrix}.$$

于是上式给出了用直角坐标表示面积坐标的表示式.

可以有几种方法给出用面积坐标表示直角坐标的关系式. 例如, 连接 PT_1 交 T_2T_3 于 T_4, 记 T_4 的直角坐标为 (x_4, y_4). 按照直角坐标的定比分点公式有 (图 3.3 (a))

$$x_4 = \frac{\overline{T_4T_3} \cdot x_2 + \overline{T_2T_4} \cdot x_3}{\overline{T_2T_3}} = \frac{S_2 x_2 + S_3 x_3}{S_2 + S_3},$$

$$x = \frac{(S_2 + S_3)x_4 + S_1 x_1}{S_1 + S_2 + S_3}.$$

于是消去 x_4 之后得到

$$x = \frac{S_1 x_1 + S_2 x_2 + S_3 x_3}{S}.$$

总之, 得到

$$x = ux_1 + vx_2 + wx_3,$$
$$y = uy_1 + vy_2 + wy_3. \tag{3.2}$$

设 $p = (u, v, w)$ 在直线 P_1P_2 上, 这里 $p_1 =$

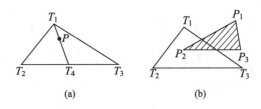

图 3.3　用面积坐标表示直角坐标

(u_1, v_1, w_1), $p_2 = (u_2, v_2, w_2)$. 如果 $\overline{P_1P}$: $\overline{PP_2} = \lambda$, 则

$$u = \frac{1}{1+\lambda}u_1 + \frac{\lambda}{1+\lambda}u_2,$$

$$v = \frac{1}{1+\lambda}v_1 + \frac{\lambda}{1+\lambda}v_2,$$

$$w = \frac{1}{1+\lambda}w_1 + \frac{\lambda}{1+\lambda}w_2$$

或写成

$$P = \frac{1}{1+\lambda}P_1 + \frac{\lambda}{1+\lambda}P_2.$$

设平面上任意给定 3 个点 $p_i = (u_i, v_i, w_i)$, $i = 1, 2, 3$ (图 3.3 (b)). 利用 (3.1) 式及 (3.2) 式, 容易得到 $\triangle P_1P_2P_3$ 的有向面积公式

$$S_{P_1P_2P_3} = S \cdot \begin{vmatrix} u_1 & u_2 & u_3 \\ v_1 & v_2 & v_3 \\ w_1 & w_2 & w_3 \end{vmatrix}.$$

特别地, 以 $p = (u, v, w)$ 取代 P_3, 并让 P 位于通

过 P_1, P_2 的直线上,则得两点式的直线方程

$$\begin{vmatrix} u & u_1 & u_2 \\ v & v_1 & v_2 \\ w & w_1 & w_2 \end{vmatrix} = 0.$$

3.3　面积坐标之下的区域分割

采用面积坐标可以显示平面区域的一类自相似结构. 为此, 首先考虑直线段情形, 取坐标线段 $T_1 T_2$ 为 $[0,1]$. 对任意 $P \in [0,1)$, 将 P 的长度坐标 (r,s) 写成二进制数. 必须注意, 二进有理数是指从小数点以后某一位开始全是 1 或全是 0(全是 1 则可进位变为全是 0)的情形. 总之, 在有理数写法中, 取有限形式的表达. 特别情形, 记 $1 = 0.11\cdots$. 将 $r, s \in [0,1]$ 唯一地表示为

$$r = 0.r_0 r_1 r_2 \cdots,$$
$$s = 0.s_0 s_1 s_2 \cdots, \quad r_j, s_j \in \{0,1\}.$$

当区间 $[0,1]$ 等分为 2 部分之后, 对任意点 $p = (r,s)$, 其坐标的二进小数点后第一位排成的数组 $r_0 s_0$ 呈现对称分布, 即 01, 10; 当区间 $[0,1]$ 等分为 4 部分之后, 数组 $r_1 s_1$ 的分布为 01,

10,01,10. 进而 8 等份区间，$r_2 s_2$ 的分布为（图 3.4 (a)）

  01,10,01,10,01,10,01,10.

如此下去，对区间作 2^n 分割，在每个子区间（开）上，数组 $r_{n-1} s_{n-1}$ 呈 01 与 10 交错分布的规律. 分割再度加细 2 倍，数组 $r_n s_n$ 的分布仍呈交错分布的规律.

这里要指出，当 r, s 写为三进制，$r_i, s_i \in \{0, 1, 2\}$，则 $r_n s_n$ 的分布如图 3.4(b) 所示.

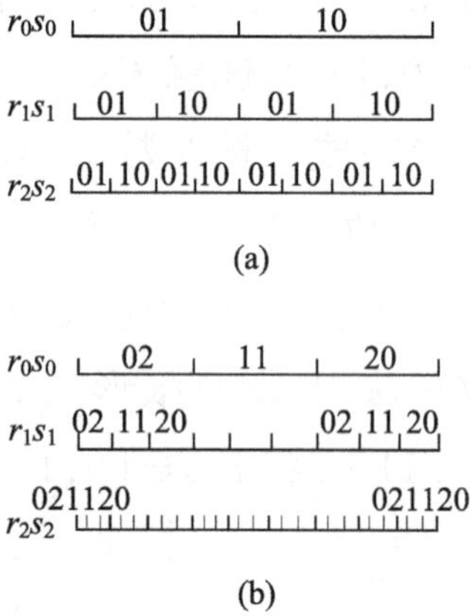

(a)

(b)

图 3.4 [0,1]区间的二进与三进分离结构

在这种情况下，康托（Cantor）三分集可写为

$$[0,1] \Big\backslash \bigcup_{j=0}^{\infty} \{r_j s_j = 11\},$$

这里, $A \backslash B$ 表示的集合是由属于 A 但不属于 B 的全体元素组成的.

现在转到平面的情形. 设有三角形△, 顶点为 T_1, T_2, T_3. 采用面积坐标, 取△为坐标三角形. 令平面上的点 $p = (u, v, w) \in$ △且记

$$u = 0. u_0 u_1 u_2 u_3 \cdots,$$
$$v = 0. v_0 v_1 v_2 v_3 \cdots,$$
$$w = 0. w_0 w_1 w_2 w_3 \cdots,$$
$$u_i, v_i, w_i \in \{0, 1\}.$$

取 u, v, w 小数点后第 $j+1$ 位, 组成数组 $u_j v_j w_j$. 这种做法可称为坐标的按位分离.

下面对△上的点, 经过面积坐标表示(对有理数取有限表示), 并作按位分离之后, 观察 $u_j v_j w_j$ 的分布. 连接三角形各边中点, 将△分割为 4 个子形, 称之为 1 级分割. 在 1 级分割之下, 观察 $u_0 v_0 w_0$ 分布. 容易发现, 在标记 1, 2, 3, 4 的子形上, 数组 $u_0 v_0 w_0$ 的取值分别为 100, 010, 001, 000(图 3.5(b)).

对 1 级分割之下的 4 个子形连接各边中点, 得到 2 级分割, 观察 $u_1 v_1 w_1$ 的分布. 一般说来, 进行△的 j 级分割, 最小子形为 4^j 个, 观察 $u_{j-1} v_{j-1} w_{j-1}$. 设想这一过程无限进行下去, 图 3.6 (a), (b)分别给出 $u_1 v_1 w_1$ 和 $u_2 v_2 w_2$ 的分布图.

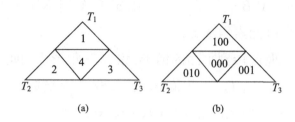

图 3.5　三角区域的二进分离结构$(u_0 v_0 w_0)$

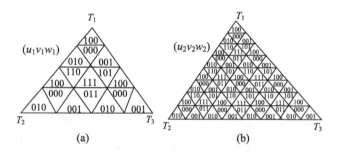

图 3.6　三角形区域的二进分离结构$(u_1 v_1 w_1)$及$(u_2 v_2 w_2)$

　　顺便指出,利用坐标分离的做法,分形的典型例子谢尔平斯基(Sierpinski)"地毯"(图 3.7)可表示为

$$\triangle \setminus \bigcup_{j=0}^{\infty} \{u_j v_j w_j = 000\}.$$

　　上面讨论了面积坐标.类比下来,自然可以引进"体积"坐标,这时将要取定一个"坐标四面体".一般来说在 n 维空间中,取坐标单纯形.这种坐标系在有限元分析及三维数据场的可视化中有广泛的应用.在分形绘图方面,它也应该是

一个有效的技巧.

图 3.7

3.4 从低维到高维

利用几何学方法解决代数与分析的问题是导致高维几何的原因之一.

在早年拉格朗日关于力学方面的研究中,形式地把时间当作与 3 个空间坐标并列的"第 4 个"坐标. 19 世纪中期,德国与英国数学家各自独立地通过与解析几何作形式类比的途径,对高维几何作了系统的叙述.

n 维空间的点由 n 个坐标决定,记为 $P=$

$(x_1, x_2, \cdots, x_n)$. n 维空间的图形说成是满足给定条件的点的集合. 点 P 与点 $P' = (x'_1, x'_2, \cdots, x'_n)$ 之间的距离定义为

$$d = \sqrt{(x_1 - x'_1)^2 + (x_2 - x'_2)^2 + \cdots + (x_n - x'_n)^2}.$$

　　n 维空间里两个图形被认为是相等的,假如在它们的点之间可以建立这样的对应,使得其中一个图形中每两个点之间的距离都等于另一个图形中它们对应的两点之间的距离. 点之间距离的概念又使得将其他一些几何概念类比推广到 n 维空间. 例如,n 维球体可以解析地用下列不等式给定:

$$(x_1 - a_1)^2 + (x_2 - a_2)^2 + \cdots + (x_n - a_n)^2 \leqslant R^2,$$

这里 $a_1, a_2, \cdots, a_n$ 是球心的坐标,R 为球半径. 当不等号换成等号,则表示球面. 在 $n(n>3)$ 维空间中 k 维平面是指坐标满足 $n-k$ 个线性方程的点的集合:

$$a_{11}x_1 + a_{12}x_2 + \cdots + a_{1n}x_n + b_1 = 0,$$
$$a_{21}x_1 + a_{22}x_2 + \cdots + a_{2n}x_n + b_2 = 0,$$
$$\cdots\cdots$$
$$a_{n-k,1}x_1 + a_{n-k,2}x_2 + \cdots + a_{n-k,n}x_n + b_{n-k} = 0.$$

以上各方程是独立的,它们中的每一个都表示

一个 $n-1$ 维的平面,它们联立起来,决定 $n-k$ 个这种平面的公共点.所谓 k 维平面,就是由独立的方程表示的 $n-k$ 个 $n-1$ 维平面的交集.特别地,当 $k=1$ 时,有 $n-1$ 个方程,它们决定一个"一维平面",即直线. k 维平面本身可以看作是 k 维空间.这里基本的事实是

(1) 通过不在一个 $k+1$ 维平面上的每 $k+1$ 个点,有且只有一个 k 维平面.

(2) 如果在 n 维空间里的 l 维和 k 维平面至少有一个公共点且 $l+k \geqslant n$,则它们相交于维数不低于 $l+k-n$ 的平面.

(3) 在每个 k 维平面上至少有 $k+1$ 个不在较低维数的平面上点.在 n 维空间中,至少有 $n+1$ 个不在任何一个平面上的点.

(4) 如果 l 维平面与 k 维平面有 $l+1$ 个公共点不在 $l-1$ 维平面上,则它就整个处在这个 k 维平面上.

大家都会感到以上这些叙述是很自然的.但是要将高维几何中的对象画在一张纸上,可就不是一件容易的事情了.

3.5 在平面上表示高维

图形的绘制归根结底是平面的. 就目前人们的习惯(人类的生理特点和所处的空间)及技术发展状态,高维的图形也都是设法绘制在平面上. 所谓投影图表示的三维空间及动态(四维)图形,即动画,归根结底,目前还都是借助于二维表现能力.

从低维空间想象高维空间发生的事情,那是很困难的. 这里提一下《二维国》(*Flatland*)这本名著,也许有些启发性. 该书作者艾勃特(Edwin A. Abbott,1838~1926)是英国的一位牧师. 姑且不谈作者写这本书的本意,只就对二维世界固定之下"人类"认识的局限性的描述,便可以联想到三维世界的我们向高维世界进军,甚至与高维世界的"同类"沟通,该要冲破多少传统的束缚! 怎样理解高维? 一个通俗的比方是二维空间的"人",就好像只在电影银幕上出现与活动的人,他不可能从银幕上走出来. 如果在二维空间(平面上)画一条封闭曲线,那么站在封闭曲线内部的一个人,不可能不通过曲线的边界而走到封闭曲线的外面. 但在三维空间就可以轻松做到这件事. 再者,在二维空间谈二维图形,很难直观地区分三角形、四边形和圆,也很难直观地建立角的概念. 由此可以联想,要想象 $n(n>3)$ 维图形的全貌,谈何容易.

下面的例子广为引用,说的是 n 维立方体的几何定义.

在直线上,让点移动一段距离,画出了一个线段;在平面上,让线段向着垂直于它的方向移动一段等于它的长度的距离,画了一个正方形(即二维"立方体",线段可以叫做一维"立方体");让正方形向着垂直于其所在平面的方向移动一段等于其边长的距离,"画"出一个三维立方体(实际作图时不得不在二维的纸上示意出来),如图 3.8 的(a),(b),(c)所示.

067

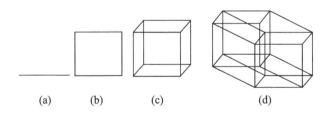

(a)　　　(b)　　　(c)　　　　(d)

图 3.8　高维立方体

为了在平面上画出四维立方体,要在四维

空间里取出一个三维平面和在其中的一个三维立方体,让这个立方体向着垂直于这个三维平面的方向移动一段等于棱长的距离. 可以看出,四维立方体共有 16 个顶点(最初和最后两个三维立方体的顶点总数),32 条棱(最初的和最后的三维立方体各有 12 条棱,加上 8 条作为顶点移动轨迹的"侧面的"棱),8 个三维"面"("面"就是三维立方体,三维立方体移动时它的每个面都画出一个三维立方体,共有 6 个立方体,可以把它们看成是四维立方体的"侧面". 此外,最初和最后位置的 3 个立方体是"前边的"面和"后边的"面,故再加上 2),24 个二维正方形面(最初和最后的三维立方体各 6 个,由最初的立方体的棱在移动时画出 12 个).

换句话说,四维立方体有 8 个三维面,24 个二维面,32 个一维面,16 个零维面. 每种面都是指对应维数的立方体,即通常所说的立方体、正方形、线段和顶点(图 3.7(d)). 接下去,让四维立方体向第五维移动得到五维立方体. 重复这个作图过程就可以生成任何维数的立方体. 想一想,这多么费力气!

其实,这不仅是费力气的问题. 关于三维多面体的理论并不能轻易地推广到任何维数的情形,本书不作讨论.

3.6 高维图示问题

这里要讲述的高维图示,是指变量的个数 $n>3$ 的函数如何在平面上画出来. 熟知,当 $n=2$ 及 $n=3$ 时,通常可以在笛卡儿直角坐标系下表示. 但是,一般的多变量函数到底如何画图,则是一个众所关心的"老大难"问题. 说这是一个老问题是因为无论是科学家还是艺术家,从达·芬奇到现在,都希望有高维的图示来表达他们的思想. 说这是大问题是因为一旦创立了高维图示的方法,其影响将不仅波及几乎整个数学,更在应用中使人进入另一的奇妙的世界. 至于说它难,只要看看为了对付多变量的画图问题,人们在无奈之中想了些什么办法.

(一) 雷达图

选定平面上点 O 为原点,取适当长度画一个圆. 经 O 点出发的射线将圆分成相等的 p 个部分,这 p 个半径作为 p 个变量的坐标轴. 这一方法适合于多指标样本的图示. 作图时根据数据波动的范围设定坐标轴的刻度,将每个样本表示在坐标轴上,顺次连结样本在每个坐标轴上相应的坐标,得到一个 p 边形.这个 p 边形表达了这个样品的特性,叫做雷达图.例如,给出样本数据如表 3.1 所示.那么它的雷达图如图 3.9 所示.

表 3.1　多指标样本数据

	x_1	x_2	x_3	x_4	x_5
y_1	a_{11}	a_{12}	a_{13}	a_{14}	a_{15}
y_2	a_{21}	a_{22}	a_{23}	a_{24}	a_{25}
y_3	a_{31}	a_{32}	a_{33}	a_{34}	a_{35}

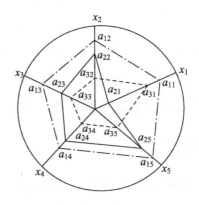

图 3.9　雷达图

（二）星座图

这里介绍的星座图也是为了表达多指标样本数据. 将表 3.1 中的数据作变换, 使其范围归为 $[0, \pi]$, 这时数据表为 $\{\xi_{ij}\}$. 以点 O 为圆心, 以 1 为半径作半圆. 为了画出样本 y_1 的"星", 先以 O 为圆心, 以变量 x_1 相应的权 w_1 为半径作圆, 在半圆上相应弧度为 ξ_{11} 点记为 o_1, 再以 o_1 为圆心, w_2 为半径作半圆, 在半圆上相应弧度为 ξ_{12} 的点处记 o_2; 再以 o_2 为圆心, w_3 为半径作半圆, 到弧度为 ξ_{13} 的点记为 o_3; $\cdots$ 一直求到 o_{p-1}, 则它代表 y_1 的星座, 标为 $Z_{1, o_1 o_2 \cdots o_{p-1}}$ 称为路径. 对样本 $y_2, \cdots, y_m$ 作类似处理, 于是得到的星座和相应的路径就全面刻画了每个样本的特征, 星座如图 3.10 所示.

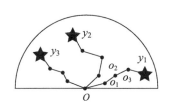

图 3.10　星座图

（三）脸谱图

将每个指标用人脸的某一部位的形状或尺

寸表达,于是如果样本相近,则相应的脸谱也相像;样本的性质如果相差甚远,则各自的脸谱会很不相同.脸谱图的作图方法很灵活,将变量与脸的长短、鼻子的长短、嘴的位置及上翘的角度、眼睛的位置及倾斜等参数相对应,如图 3.11 所示.称为 Chernoff 脸谱,是 Herman Chernoff 在 1973 年提出的.

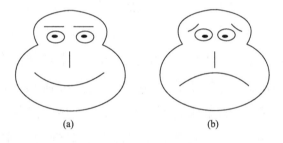

(a)   (b)

图 3.11　脸谱图

此外,还有连结向量图、三角多项式图、树形图等方法.这些作图方法一般在多指标样本的绘制中经常用到,可参阅统计分析的有关书籍.

虽然人们设计了各种如上所述的方法,但多变量的函数绘图仍然是远未解决的问题.一方面,上述方法尚嫌就事论事;另一方面,它原则上尚未突破原有坐标系基本概念的框架.

（四）平行轴坐标系

一个值得注意的探索是 20 世纪 70 年代由 A. Inselberg 等给出的所谓平行轴坐标系,如图 3.12 所示. 用平行线确定相应于 n 个变量的轴, 这样一来,各个变量在各自的轴上用点来标定, 于是顺次连结各点的折线则表示 n 维空间中的一个点. 两条折线间的区域则对应于 n 维空间的线段. 这种设计在高维情形可以提供一种作图办法,但在低维($n=2,3$)的情况下则与习惯相悖.

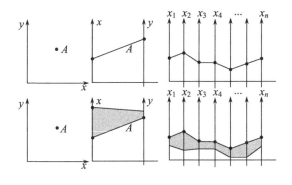

图 3.12　平行轴坐标系

总之,高维图示这一重要的问题尚需探索.

小　　结

　　引入坐标,数与形建立了联系,给画图技术奠定了基础.坐标不同,同一对象会有不同的表示.较详细地介绍面积坐标,一方面是因为它在一般书籍中很少提及,另一方面是因为,它在复杂曲面表示中很好用;再者是因为,分形(fractal)研究中,如对康托三分集、科赫"雪花"、谢尔平斯基"地毯"等,面积坐标很有帮助.本章还介绍了在平面上画出某些多变量函数的一些方案,如"雷达"图、"星座"图、"脸谱"图等,进而提及高维对象的平面图示至今仍是令人困惑的问题.

思　考　题

　　1. 将正三角形每边三等分,从中间的一段向外作小的正三角形得到十二边形;接着将这十二边形每边三等分,从中间的一段向外作更小的正三角形(图 3.12(a),(b),

(c)),它的折线边界,通称"雪花曲线",学名Koch 曲线(科赫,德国数学家).Koch 曲线是指按这样的规律无休止地做下去,那个"终极的"曲线.习惯上,人们把雪花曲线的每步近似,都称之为雪花曲线.

回顾第 2 章,以{1,0,−1}为符号集合,选择 3 为基.用这种记数法,研究用面积坐标对图3.13(a),(b),(c)所示的"雪花曲线"的顶点作出位置表达.

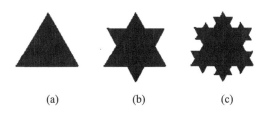

(a)   (b)   (c)

图 3.13

2. 图 3.1 中直角坐标系下的这条鱼

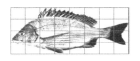

在极坐标系下,可以表示成什么样子?

3. 图 3.6 中,三角形被剖分成多个更小的三角形,并且标有 0,1 码.现在选取 8 种不同的颜色:白、黑、黄、绿、红、青、蓝、紫,分别映射到标有

000, 001, 010, 011, 100, 101, 110, 111

的区域上. 对更细的剖分,仍然是 8 种颜色. 观察色彩分布及思考图形自相似结构特点.

4 拟 合

4.1 自 由 曲 线

所谓自由曲线,顾名思义,就是那类不受约束、随心所欲生成的曲线. 艺术家灵感所至,即兴挥毫,画出的曲线再自由不过了(图 4.1).

常见的物体,如碗、杯、盒、球等,呈现很规则的外形. 相对于这类形状而言,那些不能用椭圆、双曲线、抛物线等数学方程表达的泛称为自由曲线.

自由曲线与自由曲面处处可见,如工业品中汽车车身、飞机的机翼、螺旋桨叶片,生活用

黄永玉先生作画 (珠海市博物馆)

毕加索作画

图 4.1 艺术家创作的自由曲线

品中衣服鞋帽,大自然中山川河海、草木花卉,
…….数不胜数的自由曲线(曲面)怎样表达成
数学形式? 在计算机上如何画出来?

表达曲线首先想到多项式,因为它简单.
说它简单,是与其他函数比较而言.现在看看如

下不同类型的初等函数:

$$\sqrt{x}, \quad \sin x, \quad e^x, \quad 2x^2 + x - 1, \quad \ln x.$$

当令 $x=3$,只有多项式的情形能直接从表达式计算函数值,而且只用到了加法、减法与乘法. 上面写的其他函数实质上只不过是一种符号,没有提供如何计算的任何信息. 在这个意义下,人们对多项式情有独钟是十分自然的. 正因如此,将多项式作为表达自由曲线的首选形式.

如果设计者给出一系列点(平面的或空间的)

$$P_0, \quad P_1, \quad \cdots, \quad P_n,$$

任务是由这些点确定一条曲线的表达式,使得这条曲线的变化,尽量与有序点列所表现的形态与趋势近似,这就是本章所述拟合的含义.

拟合过程是从离散点数据(通常是给定点的坐标)得到一个便于使用的表达式. 由多项式计算上的优点,主要讨论多项式的插值与逼近问题. 这里插值指的是曲线逐个通过这些给定点. 假若不要求必须通过这些给定点,只要求形态与趋势一致,这就是逼近.

4.2 拉格朗日插值多项式

首先看(单值)函数插值.

设 $[a,b]$ 区间有分划 $a = x_0 < x_1 < x_2 < \cdots < x_n = b$,并有数据

$$y_0, \quad y_1, \quad y_2, \quad \cdots, \quad y_n.$$

把待定的多项式写成

$$L_n(x) = a_n x^n + a_{n-1} x^{n-1} + \cdots + a_1 x + a_0,$$

$$(4.1)$$

其中,$a_n, a_{n-1}, \cdots, a_1, a_0$ 为待定系数. 插值问题要求满足条件

$$L_n(x_i) = y_i, \quad i = 0,1,2,\cdots,n. \quad (4.2)$$

于是从(4.1)式,有

$$a_n x_i^n + a_{n-1} x_i^{n-1} + \cdots + a_1 x_i + a_0 = y_i,$$

$$i = 0,1,2,\cdots,n, \quad\quad (4.3)$$

这是关于 $a_n, a_{n-1}, \cdots, a_1, a_0$ 的线性方程组,写成矩阵形式

$$
\begin{bmatrix}
x_0^n & x_0^{n-1} & x_0^{n-2} & \cdots & x_0 & 1 \\
x_1^n & x_1^{n-1} & x_1^{n-2} & \cdots & x_1 & 1 \\
x_2^n & x_2^{n-1} & x_2^{n-2} & \cdots & x_2 & 1 \\
\vdots & \vdots & \vdots & & \vdots & \vdots \\
x_{n-1}^n & x_{n-1}^{n-1} & x_{n-1}^{n-2} & \cdots & x_{n-1} & 1 \\
x_n^n & x_n^{n-1} & x_n^{n-2} & \cdots & x_n & 1
\end{bmatrix}
\begin{bmatrix}
a_n \\ a_{n-1} \\ a_{n-2} \\ \vdots \\ a_1 \\ a_0
\end{bmatrix}
$$

$$
=
\begin{bmatrix}
y_0 \\ y_1 \\ y_2 \\ \vdots \\ y_{n-1} \\ y_n
\end{bmatrix}. \tag{4.4}
$$

由范德蒙德(Vandermonde)行列式的计算及条件 $x_0 < x_1 < x_2 < \cdots < x_n$,立即断定存在唯一的一组数 $a_n, a_{n-1}, \cdots, a_1, a_0$,满足方程组. 也就是说,满足条件(4.2)的 n 次多项式存在且唯一. 由这个事实知无论把 n 次多项式写成什么样子,只要满足(4.2)式,那么一定是同一个多项式.

现在考虑特殊的插值条件

$$
y_i = \begin{cases} 1, & i = j, \\ 0, & i \neq j, \end{cases} \quad j = 0, 1, 2, 3, \cdots, n.
$$

容易验证特殊的 n 次多项式

$$l_i(x) =$$

$$\frac{(x-x_0)(x-x_1)\cdots(x-x_{i-1})(x-x_{i+1})\cdots(x-x_n)}{(x_i-x_0)(x_i-x_1)\cdots(x_i-x_{i-1})(x_i-x_{i+1})\cdots(x_i-x_n)},$$

$$i = 0,1,2,3,\cdots,n$$

满足

$$l_i(x_j) = \delta_{ij} = \begin{cases} 1, & i = j, \\ 0, & i \neq j. \end{cases} \qquad (4.5)$$

这样一来,由存在唯一性定理,满足条件(4.5)式的 n 次多项式只有这个 $l_i(x)$,如果还有另外不同的,那也只是同一个多项式写法上的差别而已. 当 $i=0,1,2,\cdots,n$ 时,共有 $n+1$ 个. 有了这样的 $n+1$ 个特殊的多项式,就可以直接写出满足(4.2)式的 n 次多项式

$$L_n(x) = \sum_{k=0}^{n} y_k l_k(x). \qquad (4.6)$$

显然,$L_n(x)$ 是 n 次多项式,且容易验证它满足条件(4.2),称为拉格朗日(Lagrange)插值多项式. 图 4.2 显示了 $l_i(x)$,这里,$n=5$,$x_i = \dfrac{i}{5}$,$i=0,1,2,3,4,5$.

通常说到 n 次多项式,习惯上总把它写成(4.1)式的形式. 也就是说,任何 n 次多项式都可以写成 $1,x,x^2,\cdots,x^n$ 这 $n+1$ 个单项式的线性组合,称 $1,x,x^2,\cdots,x^n$ 为 n 次多项式的一组

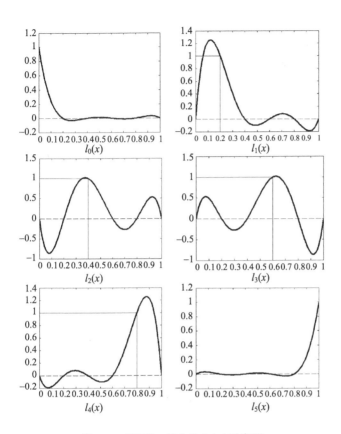

图 4.2　区间 $[0,1]$ 上的 $l_i(x)$ 示意图

基函数,简称基.n 次多项式的基函数不是唯一的.在上述拉格朗日插值方法中,$n+1$ 个特殊的 n 次多项式 $l_i(x)$,$i=0,1,2,\cdots,n$,也是一组基函数,叫做拉格朗日基函数.

除了这两种基函数,有必要寻求其他类型

的基函数.这要从实际需要考虑.拉格朗日插值多项式曲线,其构造简单且通过给定的数据点(今后称之为型值点,这是工程师的语言).但是,在高次的情形会出现不令人满意的现象,请看下面的例子:

例 已知区间 $[-5,5]$ 上函数 $f(x) = \dfrac{1}{1+x^2}$,取等距节点,记 $y_i = f(x_i)$,作拉格朗日插值多项式

$$L_2(x) = \sum_{i=0}^{2} l_i(x) y_i, \quad x_0 = -5,$$

$$x_1 = 0, \quad x_2 = 5,$$

$$L_5(x) = \sum_{i=0}^{5} l_i(x) y_i, \quad x_0 = -5,$$

$$x_1 = -3, \quad x_2 = -1, \quad x_3 = 1,$$

$$x_4 = 3, \quad x_5 = 5,$$

$$L_{10}(x) = \sum_{i=0}^{10} l_i(x) y_i, \quad x_i = -5 + i,$$

$$i = 0,1,2,\cdots,10.$$

图 4.3 中标注了曲线 $f(x), L_2(x), L_5(x),$ $L_{10}(x)$.可以看出,在 $x = 0$ 附近,$L_{10}(x)$ 能较好地逼近 $f(x)$,但在有些地方,如在 $[-5, -4]$ 和 $[4, 5]$ 之间,$L_{10}(x)$ 与 $f(x)$ 差异很大.当插值多项式次数较高时,这种情况经常出现,叫做

龙格(Runge)现象. 这就是说, 有时龙格现象使多项式插值失效. 由于这个原因, 在用多项式插值时, 次数不宜过高, 一般说来, 7, 8 次以上不宜采用.

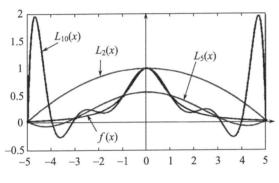

图 4.3　龙格(Runge)现象

在几何造型的应用中, 已知的离散型值点 (x_0, y_0), (x_1, y_1), (x_2, y_2), $\cdots$, (x_n, y_n) 往往给出了整体轮廓. 点点通过的拉格朗日插值多项式, 对型值点序列显示的整体轮廓不能保持一致. 那么自然希望有这样的基函数, 用它代替拉格朗日插值多项式中的基函数, 从而给出另外的数据拟合新方法, 这个新方法得到的仍是 n 次多项式, 这个多项式曲线, 在形状上与型值点呈现的轮廓形状有良好的一致性. 这就是下面要讨论的伯恩斯坦 (Bern

stein)多项式及由它引申出来的贝济埃(Bezi-
er)曲线.

4.3　伯恩斯坦多项式

设 $y=f(x)$ 在 $[0,1]$ 上连续,那么下面的 n 次多项式叫做 $f(x)$ 的伯恩斯坦多项式

$$B_n(f;x) = f(\frac{0}{n})b_0(x) + f(\frac{1}{n})b_1(x) + \cdots$$
$$+ f(\frac{n-1}{n})b_{n-1}(x) + f(\frac{n}{n})b_n(x),$$
$$\tag{4.7}$$

其中,

$$b_i(x) = \binom{n}{i}(1-x)^i x^{n-i}, \quad \binom{n}{i} = \frac{n!}{i!(n-i)!},$$
$$i = 0,1,2,\cdots,n. \tag{4.8}$$

称为 n 次伯恩斯坦基函数,图 4.4 给出了 $n=4$ 的 5 个伯恩斯坦基函数图形.(4.7)式中的系数 $y_i=f(\frac{i}{n})$,$i=0,1,2,\cdots,n$ 是区间 $[0,1]$ 等距分点上函数值.

伯恩斯坦多项式的一个极为重要的性质是当 $n \to \infty$ 时,有

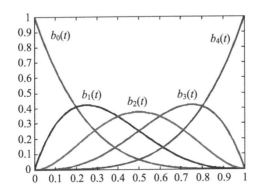

图 4.4 5 个四次伯恩斯坦基函数

$$B_n(f;x) \rightarrow f(x), \quad x \in [0,1].$$

回顾历史,人们早就注意到这样的问题:是否存在多项式 $P(x)$,使得在区间 $[0,1]$ 上它能任意逼近连续函数 $f(x)$? 1885 年,德国著名数学家魏尔斯特拉斯(K. Weierstrass)指出了如下基本定理:设 $f(x)$ 是区间 $[0,1]$ 上的连续函数,则对任何 $\varepsilon > 0$,存在多项式 $P(x)$,使得 $|f(x)-P(x)| < \varepsilon$ 对 $0 \leqslant x \leqslant 1$ 一致成立(这里,"一致性"概念参见任何一本微积分的教科书).这一重要事实有许多证明方法,其中,伯恩斯坦的证明独有特色,特色就在于它是构造性的.所谓构造性证明就是伯恩斯坦根据给定的连续函数 $f(x)$,立即拿出多项式(见(4.7)式),证明这

个具体写出来了的多项式,满足魏尔斯特拉斯指出的结论(证明过程从略,有兴趣者可参阅纳汤松著《函数构造论》).

注意,$B_n(f;x)$收敛到$f(x)$很慢,因此伯恩斯坦多项式在函数逼近的具体应用中,一度被人忽视.然而,当计算机辅助几何设计兴起之后,以伯恩斯坦多项式理论为基础的贝济埃(Bézier)方法立即以其直观、简捷、灵便的特点,赢得工程师的欢迎,并迅速成为曲线曲面设计与绘图的不可缺少的工具.这里,一个更为重要的原因值得强调,这就是下面要说的,贝济埃曲线与它的所谓控制多边形在形状上具有相似性.

采用伯恩斯坦多项式$\{b_i(t)\}$,$i=0,1,2,\cdots,n$,用参数形式表达的曲线

$$B_n(t)=\sum_{i=0}^{n}P_ib_i(t),\quad 0\leqslant t\leqslant 1$$

称为n次贝济埃曲线,其中,$P_0,P_1,P_2,\cdots,P_n$为给定的平面或空间型值点.由(4.8)式容易写出

$$n=1:B_1(t)=(1-t)P_0+tP_1,\quad 0\leqslant t\leqslant 1,$$
$$n=2:B_2(t)=(1-t)^2P_0+2(1-t)tP_1+t^2P_2,$$
$$0\leqslant t\leqslant 1,$$

$$n = 3 : B_3(t) = (1-t)^3 P_0 + 3(1-t)^2 t P_1$$
$$+ 3(1-t) t^2 P_2 + t^2 P_3, \quad 0 \leqslant t \leqslant 1,$$
$$\cdots$$

并且通过简单的计算可知

$$B_n(0) = P_0, \qquad\qquad B_n(1) = P_n,$$
$$B'_n(0) = n(P_1 - P_0), \quad B'_n(1) = n(P_n - P_{n-1}).$$

这就是说,与折线 $P_0 P_1 P_2 \cdots P_{n-1} P_n$ 相应的 n 次贝济埃曲线,通过折线的两个端点,并在端点处与折线的首末两条边相切. 折线 $P_0 P_1 P_2$ $\cdots P_{n-1} P_n$ 与相应的 n 次贝济埃曲线在形状上大体相近,当改变折线(即调整某型值点的位置)的时候,相应的贝济埃曲线也跟着折线的形状作改变. 于是,把折线称为控制多边形.

图 4.5 显示了不同型值点分布情况下的平面贝济埃曲线. 可以看出,折线与相应的贝济埃曲线的形状相似.

利用贝济埃曲线可以方便地绘制各种各样的曲线. 图 4.6 是图案绘制的几个样例.

090

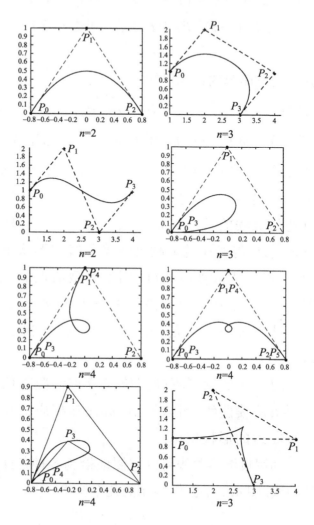

图 4.5 不同型值点分布情况下的贝济埃曲线

(┈┈控制多边形，——贝济埃曲线)

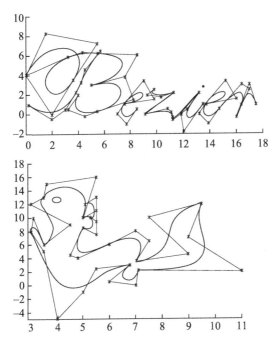

图 4.6 由分段 3 次贝济埃曲线设计的造型

4.4 多项式样条

上面讨论的拉格朗日插值多项式及贝济埃曲线,都是对给定的 $n+1$ 个型值点,构造一个 n 次多项式. 如果 n 很大(这在实际问题中经常出现),那么多项式次数很高. 在这种情况下,如前所述,拉格朗日插值多项式不好用.而按贝济埃曲线,如果次数过高,虽在整体上与控制多边形有相似之处,但控制多边形局部波动的部分往往没有明显反映.再者,从数学表达式可以看出,某个型值点的改动,将影响曲线整体形状.换句话说,这两种方法没有局部性.

为什么强调局部性呢?人们在作几何设计时,对大量型值点得到拟合曲线之后,经常发现它大部分是理想的,只在个别地方不令人满意.用整体性很强的(如高次多项式)曲线作拟合,一旦修改某一个型值点,会影响已经满意的部分,这自然不是所希望的.下面讨论的样条曲线在局部性这点上具有较强的优势.

联想"方砖砌圆井"、"条石筑拱桥"的工程实践,整体上的"曲",是用分段的"直"实现的.折线这种分段为直线段的曲线,就是最简单的"样条"曲线.但是现在得名的样条曲线并不仅指折线而言,而是放样工人或绘图员借助样条(一种软木或塑料的长条)和压铁给出的那种曲线.这种曲线,从材料力学上看,是小绕度弹性梁的形状,数学上表达为分段三次多项式.推而广之,今天把分段多项式,甚至分段解析函数统称为样条函数.

k 次多项式样条函数 $y=S_k(x)$ 的详细解释是它由若干段 k 次多项式首尾相接而成,在衔接的地方(称为结点)具有 $k-1$ 阶连续导数(图4.7).

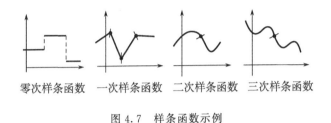

零次样条函数　一次样条函数　二次样条函数　三次样条函数

图 4.7　样条函数示例

为了将 k 次多项式样条函数统一表达出来,下面讨论如何寻找它们的基函数.从简单的情形做起,首先看 $k=0$,并假定结点是等距的.零次样条也就是分段为常数的函数,容易看出,令

$$\Omega_0(x) = \begin{cases} 1, & -\dfrac{1}{2} \leqslant x \leqslant \dfrac{1}{2}, \\ 0, & 其他. \end{cases} \quad (4.9)$$

于是,以 $\pm\dfrac{1}{2}$,$\pm\dfrac{3}{2}$,$\pm\dfrac{5}{2}$,$\cdots$ 为结点的分段为常数的函数,可表示为 $S_0(x) = \sum c_j\Omega_0(x-j)$,其中,$c_j$ 为各分段的函数值.换句话说,$\{\Omega_0(x-j)\}$ 可作为分段为常数的函数(即零次样条函数)集

合的基函数.

继而,将 $\Omega_0(x)$ 作平滑处理,提高为分段线性函数. 令

$$\Omega_1(x) = \int_{x-\frac{1}{2}}^{x+\frac{1}{2}} \Omega_0(t)\mathrm{d}t = \begin{cases} 0, & |x| \geqslant 1, \\ 1+x, & -1 < x \leqslant 0, \\ 1-x, & 0 < x < 1. \end{cases}$$

$$(4.10)$$

那么,以 $0, \pm 1, \pm 2, \pm 3, \cdots$ 为结点的分段线性函数,可表示为 $S_1(x) = \sum a_j \Omega_1(x-j)$,其中,$a_j$ 为常数. 换句话说,$\{\Omega_1(x-j)\}$ 可作为分段线性函数(即一次样条函数)集合的基函数.

为了得到二次及三次样条函数的基函数,采用 (4.10) 式类似的方法:右端的 Ω_0 代之以 Ω_1 得到 Ω_2,以及代之以 Ω_2 得到 Ω_3,即

$$\Omega_2(x) = \int_{x-\frac{1}{2}}^{x+\frac{1}{2}} \Omega_1(t)\mathrm{d}t$$

$$= \begin{cases} 0, & |x| \geqslant \frac{3}{2}, \\ -x^2 + \frac{3}{4}, & |x| \leqslant \frac{1}{2}, \\ \dfrac{x^2}{2} - \dfrac{3|x|}{2} + \dfrac{9}{8}, & \dfrac{1}{2} < |x| < \dfrac{3}{2}, \end{cases}$$

$$\Omega_3(x) = \int_{x-\frac{1}{2}}^{x+\frac{1}{2}} \Omega_2(t)\mathrm{d}t$$

$$= \begin{cases} 0, & |x| \geqslant 2, \\ \dfrac{|x|^3}{2} - x^2 + \dfrac{2}{3}, & |x| \leqslant 1, \\ -\dfrac{|x|^3}{6} + x^2 - 2|x| + \dfrac{4}{3}, & 1 < |x| < 2. \end{cases}$$

总之,上述 $\Omega_0(x), \Omega_1(x), \Omega_2(x), \Omega_3(x)$,分别为等距结点下的零次至三次样条函数的基本函数,如图 4.8 所示.它们各自的平移得到的函数族,构成基函数.

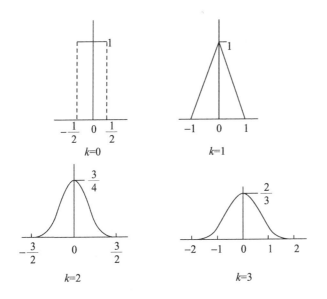

图 4.8 B 样条基函数

有了基函数,一般的二次及三次 B 样条函

数就可以通过基函数来表达,分别可以表示为

$$S_2(x) = \sum \alpha_j \Omega_2(x-j),$$

$$S_3(x) = \sum \alpha_j \Omega_3(x-j).$$

如果考虑参数表达,并且 α_j 就取作型值点(向量形式),则称为 B 样条曲线.

B 样条曲线具有下面的特点:

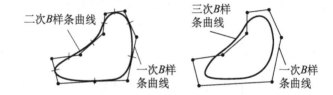

图 4.9 用 B 样条曲线对同一组型值点作拟合示意图

(1) B 样条曲线基函数的次数与型值点(也称控制点)的数目无关;

(2) B 样条曲线的基函数是多项式样条(分段多项式);

(3) B 样条曲线具有局部性质;

(4) B 样条曲线更好地保持型值点显示的形状.

这里(3)可从基函数的局部性推出,(4)中保持形状涉及的是凸凹性质、逼近误差等,此处不作详述.

小　　结

本章介绍的拉格朗日插值方法、贝济埃曲线、B 样条曲线是计算机上表达及绘制自由曲线最基本的典型方法. 若想更详细了解, 可参阅任何一本数值分析的书. 从所述 3 类方法可以引申发展许多其他实用方法. 注意各种方法的性能比较是有益的, 因为在比较中会清楚各自的使用范围, 及各自存在的价值. 例如,

拉格朗日插值方法: 逐点通过; 理论价值大; 高次情形波动较大; …

贝济埃曲线: 仅保证通过首末两点, 距其他点较远; 与控制多边形的形状大体一致; …

B 样条曲线: 不保证通过型值点, 但可做到比较靠近; 与控制多边形的形状一致; 分段低次多项式计算稳定; …

如果希望贝济埃曲线和 B 样条曲线, 也能像拉格朗日插值多项式那样实现逐点通过, 则需求解线性方程组. 执意这样做 (特别当型值点数目较大时), 不但增加了大量的计算, 而且将失去原来方法的优势.

思 考 题

1. 顺次取正八边形顶点 P_0, P_1, P_2, $\cdots$, P_7, 并规定 $P_8 = P_0$, $P_9 = P_1$, $\cdots$, 即顺次周期性地延拓下去, 认为这是无穷多个有序的控制点. 以这 8 个点中任意一个点为首点, 以这无穷多个点的任何一个为末点 (仍是这 8 个点中的一个, 但可能是经过了若干周期来到这个点处!), 作贝济埃曲线. 将得到图 4.10.

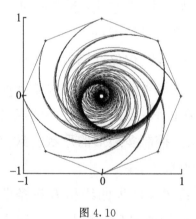

图 4.10

对相应的贝济埃曲线 $B_n(t) = \sum\limits_{i=0}^{n} P_i b_i(t)$, $0 \leqslant t \leqslant 1$, 取定 $t = \tilde{t}$, $0 < \tilde{t} < 1$, 得到平面点列 Q_0,

$Q_1, Q_2, Q_3, \cdots, Q_m, \cdots$. 证明

$$\lim_{m \to \infty} Q_m = \frac{1}{8}(P_0 + P_1 + P_2 + P_3$$

$$+ P_4 + P_5 + P_6 + P_7).$$

实际上,对任意给定的 k 个点(平面点或高维点),有相应的一般结论

$$\lim_{m \to \infty} Q_m = \frac{1}{k}(P_0 + P_1 + P_2 + \cdots + P_{k-1}).$$

2. 多结点样条:一般说来,B 样条曲线并不保证通过每一个型值点. 假若要求通过每一个型值点,而又避免求解方程组,那么可以通过增加结点的途径构造一种新的基函数(称为多结点样条基函数). 事实上,零次及一次 B 样条已经具有"点点通过"型值点的性质. 利用二次 B 样条基函数 $\Omega_2(x)$ 的平移与叠加,得到二次多结点样条曲线的基函数(图 4.11(a))

$$q_2(x) = 2\Omega_2(x) - \frac{1}{2}\big[\Omega_2(x + \frac{1}{2})$$

$$+ \Omega_2(x - \frac{1}{2})\big].$$

如果给定型值点 $P_0, P_1, \cdots, P_N$,那么参数形式的二次多结点样条曲线表达式为

$$P(t) = \sum_j P_j q_2(t - j), \quad 0 \leqslant t \leqslant N.$$

它点点通过型值点,无需经过求解线性方程组.

099

请给出三次多结点样条曲线基函数的表达式 (图 4.11(b)).

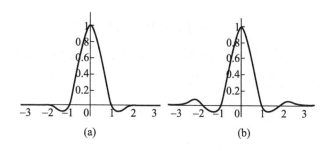

图 4.11

3. 小结中最后一句话是:"如果希望贝济埃曲线和 B 样条曲线,也能像拉格朗日插值多项式那样实现逐点通过,则需求解线性方程组. 执意这样做,不但增加了大量的计算,而且将失去原来方法的优势."

对贝济埃曲线和 B 样条曲线分别说明失去了原来方法的什么优势?

5 变 换

5.1 各种各样的变换

图形常常与几何学联系在一起,而几何学,名目繁多.19 世纪中叶,几何学的研究重点逐渐转移到研究几何图形的变换以及分类方面.默比乌斯(A. Mobius, 1790～1868)广泛研究了这一问题,凯莱(A. Cayley,1821～1895)为首的不变量理论的英国学派给出了几何学的更为系统的分类.凯莱明确地使用了"群"这个术语.最后,克莱因(C. F. Klein,1849～1925)在 1872 年提出了著名的"爱尔兰根纲领",他指出:几何学的分类可以通过变换群来实现,在这些变换群之下,某些性质是不变的.请参阅图 5.1 所示.

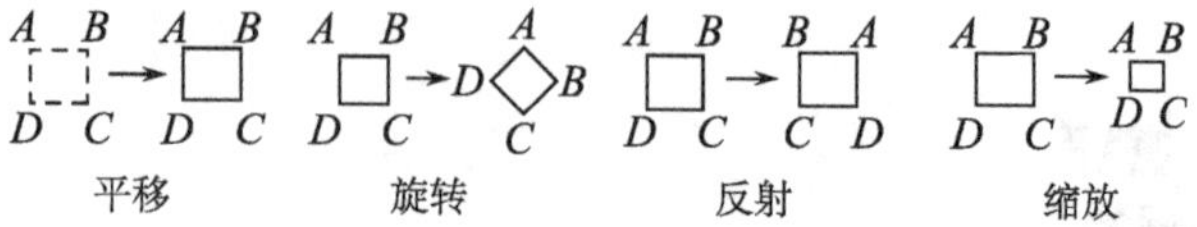

图 5.1　最常见的 4 种基本变换

如图 5.1 所示,正方形 $ABCD$ 经过平移、旋转、反射和缩放之后,角不发生变化,这是欧几里得几何.

仿射几何,不但允许上述 4 种变换,还允许由平行射线向一个可能是倾斜的平面上作投影.这时,共线点的距离比值不变,如图 5.2(a)所示.另一种中心投影,它允许由一个点源向随意倾斜的屏幕上作投影,一个几何图形在这样的变换之下,$AQ/PQ：AB/PB$ 叫做这 4 个点按 A,P,Q,B 次序的交比,它在投影变换以及前几种变换之下都不变,如图 5.2(b)所示.

接下来的图示 5.3(a)表示的几何学是拓扑学,它研究几何图形经过弯曲、拉伸、扭转等所谓连续变形之下,A,B,C,D 的次序不变的性质.

点集理论也是一类几何学,在经过所谓散射这样的变换之后,像点的次序不变这样的性

(a) 平行投影

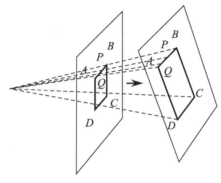

(b) 中心投影

图 5.2　投影变换

质已经不具备了,但是点的数目保持不变,也就
是研究点集在所有一一对应之下都能保持不变
的性质,如图 5.3(b)所示.

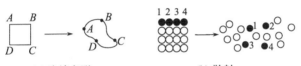

(a) 连续变形　　　　　(b) 散射

图 5.3　连续的变换与散射的变换

本书主要谈画图,画图要与各种变换联系在一起. 常见的变换有平移、旋转、反射和缩放等,还有很多变换用在图形上,产生有趣的结果.

5.2 几何变换的矩阵表示

在线性代数的课程里已经知道,n 维向量空间的几何变换都可以用矩阵表达. 以最简单的二维空间为例, 若给定平面上一个点 $P = \begin{bmatrix} x \\ y \end{bmatrix}$, 变换到另一点 $P' = \begin{bmatrix} x' \\ y' \end{bmatrix}$, 那么:

如果这是在 x, y 轴方向分别移动距离 Δx, Δy 得到的,那么坐标间关系为

$$P' = TP + \Delta P,$$

T 为单位矩阵, $\quad \Delta P = (\Delta x, \Delta y)^{\mathrm{T}}$;

如果在 x, y 轴方向分别放大或缩小比例因子为 S_x, S_y,那么坐标间关系为 $P' = TP$,

$$T = \begin{bmatrix} S_x & 0 \\ 0 & S_y \end{bmatrix};$$

如果把 (x, y) 绕 z 轴旋转 $\angle \alpha$ 后得到 (x', y'),那么这个旋转变换的矩阵形式为 $P' = TP$,其中,

$$T = \begin{bmatrix} \cos\alpha & -\sin\alpha \\ \sin\alpha & \cos\alpha \end{bmatrix};$$

如果点(x,y)在 x 轴方向经切变$\angle\alpha$,则剪切变换后,$P' = TP$,有

$$T = \begin{bmatrix} 1 & \tan\alpha \\ 0 & 1 \end{bmatrix}$$

等,这些都是简单的线性变换,不作详述. 总之,在线性代数中用矩阵描述了线性变换. 把平面的线性变换稍加推广,发现在计算机上能做出许多花样,其中,不乏有应用价值者,请看下面两个例子.

5.3 猫脸变换

这里介绍的阿诺德变换,俗称猫脸变换(cat mapping),是俄国数学家阿诺德(V. I. Arnold)在遍历理论的研究中提出来的. 为了说明这种变换的操作过程,拿棋盘上棋子的变动作比拟. 假设在棋盘左下角的格点上布有 4 个棋子(分别标 1,2,3,4),它们的坐标分别为$(0,0)$,$(1,0)$,$(1,1)$,$(0,1)$,如图 5.4(a)所示. 按如下简单变换:

$$\begin{bmatrix} x' \\ y' \end{bmatrix} = \begin{bmatrix} 1 & 1 \\ 1 & 2 \end{bmatrix} \begin{bmatrix} x \\ y \end{bmatrix} \tag{5.1}$$

得$(0,0) \to (0,0)$, $(0,1) \to (1,2)$, $(1,0) \to (1,1)$, $(1,1) \to (2,3)$. 于是 4 个棋子的位置发生了变化,如图 5.4(b)所示. 继续变换,有$(0,0) \to (0,0)$, $(1,2) \to (3,5)$, $(1,1) \to (2,3)$, $(2,3) \to (5,8)$(图 5.4(c)).

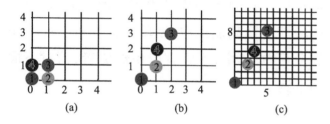

图 5.4 在变换(5.1)下棋子位置的改变

再继续下去,除了原点处放的棋子之外,另外 3 个棋子将越跑越远.不管棋盘多么大,它们很快就跑到外面去了!如果希望不论变换多少次,棋子都保持在原来的范围内,可以对变换作一个简单的修改

$$\begin{aligned} x' &= (x+y)\bmod 2, \\ y' &= (x+2y)\bmod 2 \end{aligned} \tag{5.2}$$

或记为

$$\boldsymbol{P}' = \boldsymbol{TP}\bmod 2,$$

这里

$$\boldsymbol{P}' = \begin{bmatrix} x' \\ y' \end{bmatrix}, \quad \boldsymbol{P} = \begin{bmatrix} x \\ y \end{bmatrix}, \quad \boldsymbol{T} = \begin{bmatrix} 1 & 1 \\ 1 & 2 \end{bmatrix}.$$

$$(5.3)$$

按 (5.2) 式得 $(0,0) \to (0,0)$, $(0,1) \to (1,0)$, $(1,0) \to (1,1)$, $(1,1) \to (0,1)$. 继续变换两次, 得到图 5.5. 棋子不会超出原来 2×2 范围, 并且出现了周期现象. 如果把 (5.2) 式改为 $\boldsymbol{P}' = \boldsymbol{TP}\mathrm{mod}3$, 那么棋子不会超出 3×3 的范围, 并且也出现周期现象.

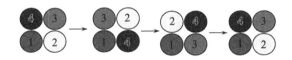

图 5.5　在变换 (5.2) 下棋子位置的改变

　　现在考虑更大的棋盘, 如 10×10 的棋盘. 选其一部分呈现 S 形的白色棋子 (图 5.6(b)). 从 S 的开头数起, 各棋子的坐标依次为

$(7,7)$, $(6,8)$, $(5,8)$, $(4,8)$, $(3,8)$, $(2,7)$, $(3,6)$, $(4,5)$, $(5,5)$, $(6,5)$, $(7,4)$, $(7,3)$, $(6,2)$, $(5,2)$, $(4,2)$, $(3,2)$, $(2,3)$.

按计算公式 $\boldsymbol{P}' = \boldsymbol{TP}\mathrm{mod}10$ 计算, 它们分别变到新位置

(4,1), (2,2), (3,1), (2,0), (1,9), (9,6),

(9,5), (9,4), (0,5), (1,6), (1,5), (0,3),

(8,0), (7,9), (6,8), (5,7), (5,8),

变换结果为图 5.6(c)所示. 反复施行这样的变换,也有周期现象出现.

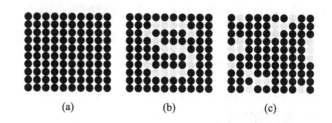

(a)　　　　　　(b)　　　　　　(c)

图 5.6　　10×10 棋盘上棋子位置的改变

进一步考虑非常大的棋盘!

棋盘很大,大到这棋盘几乎被棋子摆满,分不出上面棋子个数! 这时,把棋盘想象成电视机的屏幕,屏幕上的画面由密密麻麻的像素组成. 在这样的"棋盘"上,变换每一个点到一个新的位置. 假若像素组成 $N \times N$ 阵列,采用的变换将是 $P' = TP \bmod N$.

现在假定有一个边长为 1 的正方形纸片,放在"坐标"格子上,它的顶点分别为 $(0,0)$, $(1,0),(1,1),(0,1)$. 采用变换 $P' = TP$,容易看出单位正方形将变成一个平行四边形(图 5.7

(a))；这个正方形纸片上如果有图画,这图画也
将随之变化(图5.7(b)).

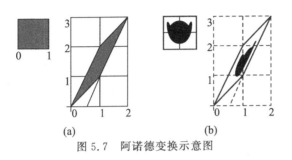

图5.7 阿诺德变换示意图

不难理解,如果把变换 $P' = TP$ 改为 $P' = TP\mathrm{mod}1$,那么,平行四边形超出单位正方形的
部分,将按图5.8(a)所示,回到原正方形内(通
过 $P' = TP$ 把正方形变成一个平行四边形, $P' = TP\mathrm{mod}1$ 则是把这个平行四边形剪开,拼回原
来的正方形),这个变换就是阿诺德变换.

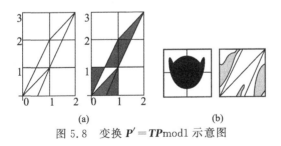

图5.8 变换 $P' = TP\mathrm{mod}1$ 示意图

显而易见,如果原正方形上有一幅图画,变
换后将被打乱.假若对变换后的乱图像继续施

加同样的操作,那么会越变越乱. 图 5.8(b)中的猫脸越变越"脏",以至于一塌糊涂,犹如小猫自己吃食,因此阿诺德变换戏称猫脸变换.

5.4 阿诺德(Arnold)变换的周期

上面谈到,对一幅给定的画面,连续施加阿诺德变换,会产生一系列混乱的画面. 自然要问,这样"乱"下去,会有什么结果?

在计算机上,图像总是通过有限的 $N \times N$ 点阵来表达. 单位正方形上的图像,归根结底被采样成离散点阵的形式,而采样点的坐标可以表示为整数. 在取整数坐标的时候,容易验证对 $N=2,3$ 的情形变换具有周期性. 一般说来,对任意给定的 $N \times N$ 点阵,由于阿诺德变换是有限集合的置换,一定有周期现象发生. 自然要问,对给定的正整数 N,能知道变换 $\boldsymbol{P}' = \boldsymbol{TP} \bmod N$ 的周期吗?

用计算机做实验,数字图像矩阵的阶数(假定为方阵) $N=2,3,4,5,\cdots$ 可以得到相应的周期. 在图 5.9 中,给出 $N \leqslant 440$ 的周期图示.

但是,从理论上解决阿诺德变换的周期性

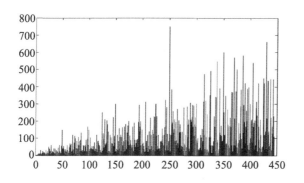

图 5.9　离散阿诺德变换的周期

问题并不容易. 自从阿诺德变换提出之后, 研究
者不断努力, 直到最近, 中国学者王泽辉给出离
散阿诺德变换周期的一个漂亮的快速算法. 至
此, 这一难题告一段落.

　　不禁要问, 为什么寻求离散阿诺德变换周
期?

　　这要从阿诺德变换的应用说起. 本来, 数学
家阿诺德提出这类变换的初衷与计算机图形学
没有直接联系. 本书作者及其博士研究生丁玮
在研究数字图像信息安全算法的时候, 将这一
变换应用于数字图像的置乱. 这种置乱变换是
有趣的. 一幅给定的原图(如图 5.10 中的一朵
花的图片), 经过少数几次阿诺德变换, 就变得
混乱不清. 要想重构原图, 不需另外设计反变换

111

公式,根据变换的周期性,只需继续变换下去,总有某一步回复为原图.

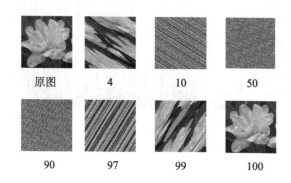

图 5.10　花的照片经多次阿诺德变换的结果(周期为 100)

然而,到底是哪一步重建了原图呢?

判断是否恢复了原图,要么知道原图(实际上不应作这样的假定),要么,一直监视着变换过程的每一画面,直到出现清晰的某一幅(如图 5.10 的序列中第 100 幅,明显是朵花的图片),于是认为画面得以重建.其实,这是主观认定.

这种主观认定,除非是在作数学练习题,否则它实用起来既不可行也不可靠.首先,变换过程产生的画面何谓清晰? 为什么清晰的某一幅就被认定为原始图片,而否定其他? 如果这种判断依据的是头脑中已有的知识,那么假若原图是从来未被认识(不妨想象那是太空探测器发回的图片或是未知的医学病理图片)的形象呢?

当不掌握原图任何信息的时候,这种判断不管是人来完成或是计算机完成都是艰难的.固然可以在图片特征识别方面下功夫研究判断技术,然而另一数学上的途径则是确定变换的周期.这正是为什么对阿诺德变换周期性的研究如此重视的理由所在.

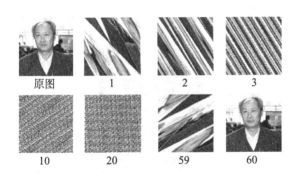

图 5.11　本书作者的照片经多次阿诺德变换的结果

(周期为 60)

5.5　中国拼图算法

作为另一个图像变换的例子,这里介绍中国拼图算法,英文 Tangram Algorithm.

Tangram意为中国古已有之的七巧板游戏.七巧板作为儿童智益玩具,不仅在中国,而且在世界各地都得到教育工作者的推崇,并持久不衰地广为流行.

这个游戏很简单:一块方形木板(纸片),分割成7小块,其中,有大的等腰直角三角形2个,小的2个,不大不小的1个;另有一个平行四边形及一个小的正方形(图5.12).就是这样看来平平常常的7块板,却可以拼出千变万化的形象,儿童喜欢,大人也开心(图5.13).

114

图 5.12　七巧板游戏的方块剖分

图 5.13　七巧板拼图例子

多少年来,任何改变分块的数目或改变分块的形状都没有生命力,唯独这特定的七块板的拼图其乐无穷,说起来还真值得研究这其中的道理呢! 这里,我们不是探索中国的七巧板游戏为什么如此成功,而是从图形变换的角度思考与引申其中的数学内容.

用数学语言重新叙述七巧板游戏:

(1) 给定 A, B 两个图形, A 是正方形, B 是"山羊"(例);

(2) 把 A 作剖分,分块数目为 $n=7$;

(3) A 的分块,是指定的 7 种直线形;

(4) 将 A 的子块,用平移与旋转两种变换,拼合为 B.

两个给定的图片,其中, A 被剖分,称为原图,另一个 B 是希望拼出的,称为目标图. 现在推广这个游戏的玩法. 但必须事先说明,目的已经不再是儿童的智益游戏,暂时完全是数学上的考虑.

(1) 原图剖分成小块的数目不限于 7,可以是任意给定的正整数 n,它可能很大;

(2) 原图剖分成的小块,不限于原来指定的 7 种;

(3) 从原图到目标图,小块的变换不限于

平移与旋转 2 种,至少还可以包括缩放,也还允许自选其他变换;

(4) 传统七巧板游戏中,不能随时随意涂改颜色.这里设想可以根据目标图 B 而改变颜色;

(5) 不要求用 A 的分块精确地拼出目标图 B,只求尽量的近似.

初看起来,这好像是办不到的事情.假若能办到,难道一幅猫咪的图片可以变成一幅风景画?

回答是肯定的.以简单的灰度图片为例作出说明.

在图 5.14 的一组图片中,图 5.11(a)、(f) 分别是原图与目标图.首先,将原图 5.14(a)作网格分割,取其小块图片,如图 5.14(b)中黑边小方框所示,记为 A_{smal},它放大之后呈"马赛克"状,如图 5.14(c)所示,可明显看出它的像素灰度的分布.接着,在目标图 5.14(f)中找到同样大小的小块 B_{smal},如图中白边小方框所示,使得 A_{smal} 与 B_{smal} 看起来近似. 这里说的"看起来近似",有两个含义.首先,是指用计算机"看",不能是用人眼睛看.其次,要告诉计算机怎样看、怎样才算找到了最佳的近似.这个寻求最佳近似的办法,不妨采用最"笨"但最自然的方法,这就是按横向与纵向逐块搜索.

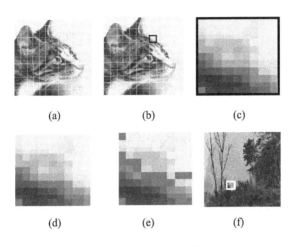

(a)　　　　　(b)　　　　　(c)

(d)　　　　　(e)　　　　　(f)

图 5.14　寻找最佳相似的小块

　　为了知道什么时候得到搜索的结果,必须明确怎样度量两个同样大小图片的近似程度.已经知道在计算机上,图片就是数字矩阵,这就要用到矩阵范数的概念.记相应的两个同阶矩阵分别为 $\boldsymbol{A}_{\mathrm{smal}}=[a_{i,j}]$,$\boldsymbol{B}_{\mathrm{smal}}=[b_{i,j}]$,有

$$r = \| \boldsymbol{A}_{\mathrm{smal}} - \boldsymbol{B}_{\mathrm{smal}} \|_2$$

$$= \sqrt{\sum_j \sum_i (a_{i,j} - b_{i,j})^2}, \quad (5.4)$$

其中,$a_{i,j}$,$b_{i,j}$ 分别为原图 A 的小块 $\boldsymbol{A}_{\mathrm{smal}}$ 与目标图 B 的小块 $\boldsymbol{B}_{\mathrm{smal}}$ 的第 i 行、第 j 列处像素的灰度.数字计算机表示灰度,从白到黑有 $2^8 = 256$ 个等级,于是矩阵的元素在正整数 $0,1,2,3,\cdots$,

255 中取值. (5.4)式定义的 r 可以用来度量 $\boldsymbol{A}_{\text{smal}}$ 与 $\boldsymbol{B}_{\text{smal}}$ 的近似程度, r 越小则说明它们的差别越小. 但是注意(5.4)式, 当图片尺寸很大时, r 可能很大. 于是工程上对它作些规范处理, 定义了

$$\text{PSNR} = 10\lg\left[\frac{M \times N \times 255^2}{\displaystyle\sum_{i=1}^{M}\sum_{j=1}^{N}(a_{i,j} - b_{i,j})^2}\right],$$

称为峰值信噪比(peak signal noise ratio, PSNR). 显然, 这个数越大越好. 研究表明, 两幅图片的近似程度用 PSNR 衡量, 若 $\text{PSNR} \geqslant 28$, 那么看上去已经很相近了. 在第 1 章第 5 节已指出, 通常人的眼睛在 15 个灰度级的差别之内难以分辨. 必须注意, 说 PSNR 这个数越大越好, 但没有说越小越糟糕! 例如, 一张图片 $\boldsymbol{A} = [a_{i,j}]$ 的像素作简单平移 $a'_{i,j} = a_{i,j-1}, a'_{i,1} = a_{i,2}$, 得到 $\boldsymbol{A}' = [a'_{i,j}]$, 看上去 $\boldsymbol{A}$ 与 $\boldsymbol{A}'$ 几乎没有差别, 但它们的 PSNR 却是很小的(图 5.15). 可见, 用 PSNR 度量图片间的差别, 并不完全与人类的视觉感受一致.

对原图 $\boldsymbol{A}$ 指定的子块 $\boldsymbol{A}_{\text{smal}}$, 采用最小二乘法, 在目标图 B 中通过搜索找到最佳子块. 最自然的做法是求 α, β, 使 $\displaystyle\sum_{k} \| \boldsymbol{A}_{\text{smal}} - \alpha\boldsymbol{B}_{k,\text{smal}} + \beta\boldsymbol{I} \|_2 = \min$, 其中, $\boldsymbol{B}_{k,\text{smal}}$ 表示目标图的所有

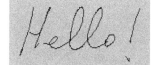 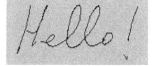

图 5.15 平移一列像素之后的图形看上去没变化

与 $\boldsymbol{B}_{\mathrm{smal}}$ 同样尺寸的子块中的第 k 个. 搜索的策略可以有多种,自然要考虑到计算的工作量,这里不作详细讨论. 在搜索过程中,对每个选取的子图 $\boldsymbol{B}_{k,\mathrm{smal}}$,要作 8 个比较,如图 5.16 所示.

图 5.16 8 个方向的比较搜索

显而易见,这种搜索的工作量很大,必须用计算机来实现. 下面给出图例(图 5.17).

在图 5.17 所示图例中说的是利用中国拼图算法实现的数字图像信息隐藏结果. 给定图像(a),(b),看上去它们毫不相干. 用上述方法,分成小块搜索. 小块不可太大,否则精度低;又不可太小,否则变换中要记录的参数过多而失去实际意义. 实验表明取像素为 10×10 小块,或要求精度高时取像素为 4×4 小块为宜,本例

(a) 原始图像　　　　　　(b) 目标图像

(c) 将变换含的数据嵌入(a)中　　　(d) 从(c)重构(b)的近似图像
隐藏后公开图像,PSNR=35.4　　　重建保密图像,PSNR=38.5

图 5.17　中国拼图算法

按后者完成. 记录变换的数据(搜索最佳过程中记录的 α,β 等)嵌入(a),使(a)变成(c). 这种数据的嵌入方法,通常可以这样实现:在图像的 RGB 数值表示中留下若干低位数字存放数据 α,β 等,而高位仍然保持了原来 RGB 数值的主要部分. 反变换的时候,根据(c),抽出嵌入的变换参数,利用变换从(c)重构得到(d). 需要比较(a)与(c),及(b)与(d)的差别. 图 5.17 中,(a)与(c)相比,PSNR=35.4;(b)与(d)相比,PSNR=38.5. 图 5.18 表明,即使两幅图像在色彩、繁

简、浓淡上相差甚大,这种拼图算法仍可使结果
令人满意.

(a) 原始图像

(b) 目标图像

(c) 将变换含的数据嵌入(a)中
隐藏后公开图像,PSNR=34.7

(d) 从(c)重构(b)的近似图像
重建保密图像,PSNR=32.5

图 5.18　中国拼图算法

在网络环境下,信息安全问题格外重要.信
息的存储、传输都要控制在一定范围内.密码学
就是为信息安全服务的数学技术.对于大量的
图像来说,如何作好信息隐藏是个新问题.作为
本章的一个选例,上述的中国拼图算法,除了可
以达到隐藏的目的,进而有伪装的功能.中国科
学院计算所的丁玮博士实现了这一中国拼图算
法,宋瑞霞与余建德给出了另一种中国拼图算

121

法,速度有极大提高.有兴趣的读者可查阅他们相关的论文.

小　　结

　　在计算机内,图形是以数量形式进行加工与处理的.

　　研究与运用各种各样的变换是数学的基本内容.本章讨论图形的变换.对常用变换,可以在任何一本计算机图形学的书中找到.这一章,以两个不常见的变换阿诺德变换和中国拼图变换(即 Tangram 变换)为例,说明计算机上处理图形的特别之处.至于这两类变换实现的细节,有兴趣的读者可参阅有关论文.尤其强调的是,本章选例中的绘图都是以计算机为工具,否则这类绘图是不可想象也不能实现的.以像素为基础的绘图,将在后面第 6 章继续讨论.

思　考　题

　　1. 考虑三维阿诺德变换,给出其几何解释.

2. 本章所述的用阿诺德变换处理图像,规定像素点的颜色随着点而迁移. 请设计另一种规则,像素点的颜色也是变化的,但要保证重建原图.

3. 下面 6 幅图片中的每一幅都含 9 个像素,像素的灰度分 4 个等级,用 0,1,2,3 表示. 它们分成 3 组,每组有 2 幅,分别记为(a)与(b). 问哪一组的两幅图片最相近? 哪一组差别最大? (可以用本章(5.4)式计算值 r 来衡量.)

(1)

(2)

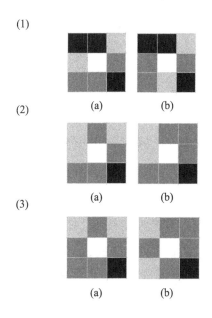

(a)　　(b)

(3)

(a)　　(b)

6 像　素

6.1　数字图像的融合

多条曲线的融合,通过一组调配函数实现,实际上是一种曲面造型方式.这种曲线融合,已经假定各曲线的表达式是知道的.然而,在讨论图像融合的时候,不能假定图像(如照片、油画、地图等)有很方便的表达公式,所知道的只是图像中每个像素的属性(用数表示的该像素灰度、色彩等).因此数字图像的融合,是针对像素的属性作处理,其中,包括利用调配函数来实现.

假定有两幅同样尺寸的图像 A,B,即像素行的数目与列的数目都分别为 m 与 n,以后简述为 $m \times n$ 图像. 这个 $m \times n$ 图像又恰恰对应于 $m \times n$ 矩阵,记它们的第 i 行、第 j 列元素分别为 $a_{i,j},b_{i,j},i=1,2,3,\cdots,m;j=1,2,3,\cdots,n.$

$a_{i,j},b_{i,j}$ 是数,代表相应像素的属性,可以是灰度值,也可以是色彩分量. 于是,图像 A,B 最简单的融合就是

$$c_{i,j} = (1-t)a_{i,j} + tb_{i,j}, \quad 0 \leqslant t \leqslant 1,$$
$$i = 1,2,3,\cdots,m, \quad j = 1,2,3,\cdots,n$$

(6.1)

或记成 $C=(1-t)A+tB.$ 显然,当 $t=0$ 时,$C=A$;当 $t=1$ 时,$C=B.$

可以想象,当 t 取 0 与 1 的中间某个数时,图像(c)的表达中含有(a)与(b)两者的信息(数据). 例如,图 6.1 中 $t=0.2$ 的图片,可以看到(a)与(b)两个影像,其中,(b)的影像更为清晰. 如果 t 很接近 0 时,融合后的图片(c)与(a)似乎没差别;同样,若 t 非常接近 1,则眼睛分不清哪个是(c),哪个是(b).

在(6.1)式中,用到了两个调配函数

$$\varphi_0(t) = 1-t, \quad \varphi_1(t) = t.$$

由此容易想到,若想把这种方法推广到多个图

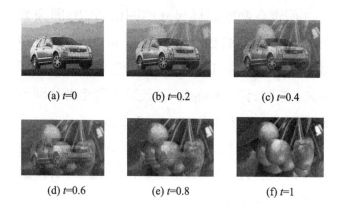

(a) $t=0$ (b) $t=0.2$ (c) $t=0.4$

(d) $t=0.6$ (e) $t=0.8$ (f) $t=1$

图 6.1 两幅图像的简单融合

像的融合中去,可以这样完成:已知同样尺寸的 $N+1$ 幅图像,记为 $A_0, A_1, A_2, \cdots, A_N$,选取 $[0,1]$ 上 的 一 组 调 配 函 数 $\varphi_0(t)$, $\varphi_1(t)$, $\varphi_2(t), \cdots, \varphi_N(t)$. 于是得融合图像

$$C = \sum_{k=0}^{N} A_k \varphi_k^{(t)}, \quad 0 \leqslant t \leqslant 1. \quad (6.2)$$

调配函数的选取很自由,如取伯恩斯坦多项式, B 样条基函数或者多结点样条基函数(见第 4 章思考题).

6.2 数字图像的分拆与重组

给定一幅数字图像 A,它对应着 1 个(当 A

只有灰度而无其他颜色)或 3 个(当 A 有多种色彩,即RGB)数字矩阵.假若想把 A 分拆开来,只要联想矩阵能作怎样的分拆.

把数字图像割成几块,这就是一种分拆.这种分拆可以按矩阵分块的方式(如图 6.2(b)所示来作),也可以不按矩阵分块的方式(如图 6.2(c)那样).

分块是一种分拆,还可以有其他方式分拆.这里特别讨论图 6.2(d)的分拆.

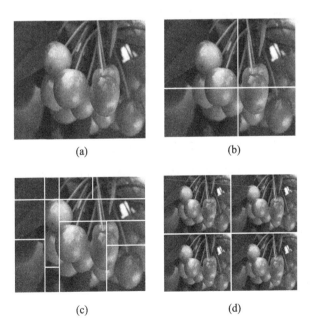

(a)　　　　　　(b)

(c)　　　　　　(d)

图 6.2　数字图像的分拆

形如(d)的分拆有些特别,它按像素进行:把图 6.9(a)按像素排列的次序,将奇数行与列与偶数行与列分开,成为 4 个较小的图像,见图 6.3(a).这 4 个较小的图像,看起来似乎相同,实际上并不一样.它相当于把原图左上角的相邻 4 个像素分配到小尺寸 4 个图像的左上角,再顺次取 4 个像素,作类似的分配.顺次选取的这 4 个像素在图(a)中是相邻的,它们的属性(灰度、色彩)相差不大,这叫做相关性较强,人的肉眼不易察觉它们的差别.

进一步,把图 6.3(a)中的每个较小的图像,仍按这种方式对像素的奇偶行列分离抽取和重组,成为图 6.3(b)所示的 16 个更小的图.如此下去,进行 6 步,如图 6.3(f)所示.

自然要问,这种分拆结果如何?

为了简单,假设原图(a)像素的行与列的数目为 2^m,那么按上述方式作出图 6.3(a),(b),(c),$\cdots$,直到第 m 步,得到第 m 个图像,包含的小图像将有 2^{2m} 个,每个小图只有一个像素,结果回到了原图(a).就在它的前一步,第 $m-1$ 个图像包含的小图像含 4 个像素,整个图像看来模糊一片!

反过来,第 $m-1$ 个图像中小的图像只有 4

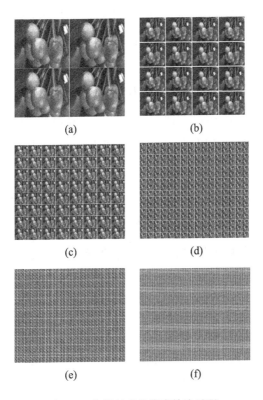

(a)

(b)

(c)

(d)

(e)

(f)

图 6.3　奇偶行列的像素抽取过程

个像素,它与原图 6.2(a)基本上没有共同之处.
继而,第 $m-2$ 个图像的子块只有 16 像素,也与
原图相差甚远.逐个地,将分拆过程倒退回去每
步图像,包括的子块数目变少,每块的像素数目
越来越多,从模糊到清晰,越来越接近原图,直
至复原.用计算机图形学的术语,分辨率逐渐增

强. 每一步都在前面小图的基础上尺寸增大到 4 倍, 并且显现更多的细节.

从一幅低分辨率的小尺寸图像生成它的大尺寸图像, 这显然有实用价值. 医学图像、遥感图像, 都希望将图像放大, 以便观察细微之处; 街上随地可见的巨幅广告招贴, 也追求其清晰细腻. 然而, 做出满意的放大并不容易, 因为手中的小图片分辨率有限, 它本身缺少必要的细节信息. 一个自然想到的放大途径, 是通过采样获得离散数据, 再选用适当的插值方法(见第 4 章), 这种作法可以在一定程度上得到满意的放大效果, 但达到理想的程度很难. 放大倍数稍高, 质量变坏, 不被人们认可. 人们仍在努力于图像的放大技术研究, 有人从求解偏微分方程反问题的角度期待获得更满意的解决, 这是专门的话题, 本书不作引申.

6.3 数字图像的隐蔽分存

现在讨论一个例子, 用上面说的图像融合方法可以实现一种图像信息分存过程. 所谓信息分存, 指的是把一份信息分成两份, 只具有其中一份不足以恢复原来那份信息,但分拆后的两份都掌握在手,则通过某种计算可以重建原来信息.

"两点确定一条直线"这一基本事实可谓家喻户晓 (图 6.4).通过已知两点$(0, y_0), (1, y_1)$的直线方程可写为 $f(x) = (1-x)y_0 + xy_1$,并且 $f(0) = y_0. f(1) = y_1.$

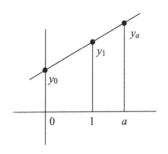

图 6.4 两点确定一条直线

如果选取 $x = a(a \neq 0, a \neq 1)$,算得 $y_a = f(a) = (1-a)y_0 + ay_1.$ 显然通过$(a, y_a), (1, y_1)$的直线方程,应该与通过已知两点$(0, y_0), (1, y_1)$的直线方程一致. 于是有 $f(x) = \dfrac{1-x}{1-a}y_a + \dfrac{x-a}{1-a}y_1.$ 继而将 $x = 0$ 代入,得

$$y_0 = f(0) = \frac{1}{1-a}(y_a - ay_1). \quad (6.3)$$

也就是说,如果直线方程已确定,那么直线上任何两个不同的点,都可以把这个直线再度重构.注意,y_0这个数没有直接出现在式(6.3)的右端表达式中.

现在,假定有两幅色彩斑斓的不同图片(a),(b)(图6.5).它们各自对应一个数字矩阵,矩阵的元素就是图片同一位置像素的属性(数据).记$\boldsymbol{A}=[a_{i,j}]$,$\boldsymbol{B}=[b_{i,j}]$,$\boldsymbol{C}=[c_{i,j}]$,$i=1,2,3,\cdots,m$;$j=1,2,3,\cdots,n$.

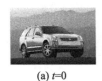 

(a) $t=0$ (b) $t=1$ (c) $t=1.1$

图6.5 一幅图像(a)分存成2幅(b)和(c),
其中,(b)是任意选择的

视$a_{i,j}$,$b_{i,j}$分别为式(6.3)中的y_0,y_1,当取$a=1.1$时得到的y_a就是$c_{i,j}$.把对应的像素逐个作完(即$i=1,2,\cdots,m$;$j=1,2,\cdots,n$),得到图像(c).由于选择的a接近1,所以(c)与(b)非常相近,以至于人眼不易发现差别,其实(c)已经内隐(a)的信息.

由于从式(6.3)求得的y_0相当于$a_{i,j}$,那就是说,从(b),(c)对应像素的属性(数据),可以反过来算出(a)对应的像素的属性(数据).这样一来,当想把(a)保存下来或传输出去的时候,为了安全起见,不是直接存储或传输(a),而是任意选定与(a)相差甚远的图像(b)(如这个例子中选樱桃的图像),根据(a),(b),按像素的属性(数据),逐点地建立直线方程.接着,在直线上选另外点,形成图像(c).

显然,如果仅有(b)或仅有(c),不能重建(a).只有同时掌握了(b)和(c)的数据才可得到(a).于是,不妨设想,甲想安全传输图像(a),他选了一幅图像(b),他又按上述方法"计算"出(c).甲把(b)传给乙(当乙已经有了(b)这幅原图,就不必再传了),把(c)传给丙,分开传送,这叫信息分存.要想恢复(a),必须乙丙各自提供他掌握的信息,即(b),(c)同时存在.再用式(6.3)恢复(a).这就像开锁必须有两把钥匙的想法一样,增强了安全性.

上述的分存方法虽然增强了安全性,但是却出现了个"不可靠性"的漏洞:把一份信息分存成两份分别传给两个人,设想其中一人因故缺席(即损失了其中一份数据),则不能重建(a).那么,能不能在重建(a)的时候,不担心缺少一份信息这类麻烦?

实际上,只要按上面的作法,生成 3 份伪装的图像,其中,包括自选的图像(b),如图 6.6 所示.另外的(c)和(d),可以分别取参数为 1.1 和 0.9.由于(c)和(d)对应的参数都接近 1,那么看起来它们很相近,虽然并不相同.这样一来,(b),(c),(d)中只要有二份能合在一起即可重建(a).自然,这个想法可以推广到更多份的分存情形.

(a) $t=0$ (b) $t=1$ (c) $t=1.1$ (d) $t=0.9$

图 6.6   一幅图像(a)分存成 3 幅(b),(c)及(d),
其中(b)是任意选择的

6.4   二值图像的像素块

所谓二值图像是指像素仅为黑与白两种状态.大量的文字材料都是二值的图像,可想而知,研究二值图像是十分必要的.

仍然对图像的分拆有特殊的兴趣.把一幅二值图像拆成两幅(或更多幅)是很简单的事情,可以有各种各样的办法,如图 6.2 例举的方式. 问题在于分拆之后要做什么.

现在设想的目标是两张透明胶片, 各显示出有意义的二值图像, 这两幅图像彼此没有关系. 当把两张透明胶片准确地叠放在一起之后, 看到的显示图像不是参与叠放的任何一幅, 而是另外一幅事先给定的二值图像. 反过来说, 给定了 3 幅互不相同的二值图像, 把第 1 幅叫做原图, 另 2 幅叫做分存图.

下面讨论的问题是怎样做才能使两张分存图的胶片叠合起来显现原图. 为此, 这一节阐述像素块的概念.

本来计算机屏幕上的像素是显示"黑"或"白"的最小单位, 但是可以人为地规定计算机屏幕上邻近的 4 个像素合起来, 定义它是一个大尺寸的像素. 这时, 称之为一个像素块. 每个像素块由 2×2 个黑白像素构成. 因为 4 个黑白像素组成的像素块, 其中, 像素有黑有白. 必须解释, 什么叫做"黑"像素块、什么叫做"白"像素块.

像素块由 2×2 个黑白像素构成, 并不是 4 个像素皆黑则像素块叫做黑、皆白则像素块叫做白. 黑或白是相对的. 下面解释什么是"白"像素块(图 6.7), 什么是"黑"像素块(图 6.8).

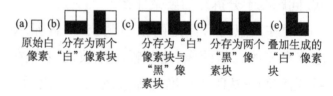

图 6.7　原始白像素分存

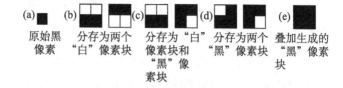

图 6.8　原始黑像素分存

　　首先明确,叠加生成的 2×2 像素块,如果右上角是白的像素,其余 3 个像素是黑的,这样组成的像素块,规定它就叫"白"像素块(图 6.7 (e));如果 4 个像素都是黑的,那么由它们组成的像素块就叫"黑"像素块(图 6.8(e)).后者很自然,前者暂时令人困惑,不要紧,看下去就知道这是很自然的规定.

　　现在有 3 幅二值图像,叠在一起时,像素的位置形成了一一对应关系.盯住对应的一组像素:原始图像上的一个,另两个图像上各一个.知道了一组像素怎么做,其他照此办理就是了.

看图 6.7,观察这 3 个像素的黑白关系:

原始图像的像素为白,假若遇上另两幅对应的像素:

(1) 都是白,那么另两幅的对应像素分别放大成如图 6.7(a)所示的两个像素块,它们两个叠在一起,恰为(e),即规定的"白"像素块;

(2) 一白一黑,那么按图 6.7(c)所示,分别放大成左边与右边的像素块,这两块叠加在一起,就是(e);

(3) 都是黑,注意,两个黑的怎会叠加成白? 看图 6.7(d),在分存的另两幅图像中黑像素相遇,规定除了右上角是白其余 3 个为黑,这样组成的像素块是相对的黑,它们叠在一起正好是"白"像素块(e).

以上是在"原始图像的像素为白"的前提下,叙述了怎样根据两幅分存图像像素的黑白,制造相应的搭配,使叠放后是"白"像素块.

对"原始图像的像素为黑"的情形只要看图 6.8,完全类似,找到两幅分存图像素放大为像素块的搭配,使白白相遇、白黑相遇、黑黑相遇,皆叠合成图 6.8 中的"黑"像素块(e).

图 6.7 与图 6.8 是分存图像的 2×2 像素

块生成法则. 有了这个法则,在计算机上,根据原始图像像素的黑白,检查两幅分存图像相应像素的黑白状态,按法则确定分存的像素块搭配. 每组像素都作完之后,得到放大二倍的两幅图像. 从这放大了的分存图像中,以相对的黑白,再现原来选定的两幅二值图像.

重构原始图像十分方便,只要把两幅放大了的分存图像准确的叠放在一起,分存图像不见了,原始图像呈现出来. 顺便指出,如果仔细地把放大了的分存图像印在透光胶片上,不用计算机也可观察,只需把两张胶片准确地叠合起来,对着光亮,就会清楚地看到原始图像. 这种巧妙的做法,首先见到中国学者苏中民、林行良等的研究.

6.5 二值图像的分拆与叠合图例

按照图 6.7 与图 6.8 给出的像素块生成法则,不仅可以将一幅给定的二值图像拆分成两幅杂乱无章的、毫无意义的二值图像(图 6.9),还可以对给定的一幅保密二值图像,拆分成两

幅自行选择的有意义的二值图像,称之为分存
图像.这两幅分存图像可以公开,起到了伪装的
作用,如图 6.10 所示.

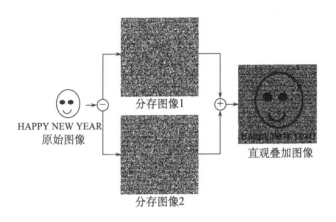

图 6.9 一幅给定的二值图像拆分成两幅杂乱无章的二值图像

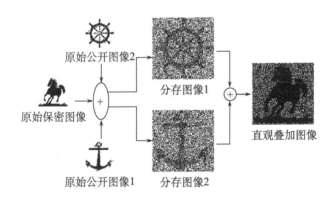

图 6.10 一幅给定的二值图像拆分成两幅自选的二值图像

假设原始需要保密的是一匹"马"的图像（图6.10的左图）.选择"锚"与"轮"两个同样大小的图像作为可以公开的图像1和2（图6.10左起第2列），以它们为原始图像，与那匹马的图像按对应像素作比较，根据第3节所述的方法，形成放大了二倍的图像.图6.10中左起第3列的分存图像1及分存图像2.之所以叫做分存，意思是"马"的信息既含在放大了的"锚"中，也含在放大了的"轮"中.为了重建原始保密图像，只需将分存图像1与分存图像2叠在一起，使对应的像素重合，则生成图6.10右侧的图像，即放大了的"马".它与原始保密的"马"相比，从相对的黑白图像中，可以分辨出"马"的形状.

假若原始公开图像中有一幅出现大块的黑色如图6.11(c)（或大块的白色），用上述方法得到的分存图像将明显暴露原始保密图像的信息（图6.12）.

(a) 原始保密图像　　(b) 原始公开图像1　　(c) 原始公开图像2

图6.11　原始公开图像的不恰当选取

(a) 分存图像1　　(b) 分存图像2　　(c) 直观叠加图像

图 6.12　分存图像叠加后的信息暴露

为了避免这种信息暴露,应使原始图像、原始公开图像都基本上是线条图,这样做将会有较好的效果,如图 6.13 所示.

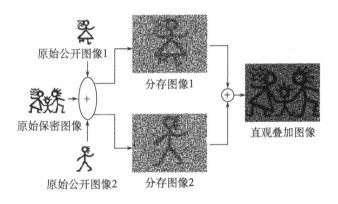

图 6.13　一幅给定的二值图像拆分成两幅自选的二值图像

按照上述本节介绍的算法进行二值图像分存,新生成的分存图像是原来图像尺寸的 4 倍,这是因为用一个 2×2 的像素块代替原来图像中的一个像素造成的. 这种信息膨胀是该算法

141

不可避免的. 此外, 分存图像与原来图像比较, 分辨率降低了. 研究生丁玮和李坚作了大量的有趣图例, 这几个例子选自他们的作品.

小　结

　　计算机屏幕上呈现的图形与图像, 归根到底被离散化成为像素的集合, 图形图像的各种处理, 归根到底是针对像素进行各种操作. 处理, 这个词含义很广泛: 平移、放缩、裁剪、扭曲等变换是一类处理; 平滑、锐化、消噪、压缩等计算机图形学里经常做的事情也是处理. 可以说, 无论什么计算机图形或图像处理问题, 看似规模宏大、构成繁杂, 但总要归结到像素. 本章的目的是强调对像素的认识. 以举例子的方式所作的阐述, 偏重在数字图像信息隐藏方面. 在列举的内容中, 强调的仅是算法的思路, 而不是为了提供用来解决实际问题的技术细节. 欲知完整的实用算法, 还要考虑许多问题. 例如, 对信息隐藏这类问题而言, 一个实用算法必须考虑受到各种攻击时的适应性问题等, 这些超出本书内容, 不再讨论.

思　考　题

1. 用本章第 3 节所述的方法,将给定的数字图像 A 分存成 n 份:$A_1, A_2, A_3, \cdots, A_n$,使得这 n 个数字图像中有 k 份就能重构 A,这里 $k <$ n.请思考设计这种分存方式有什么实用背景?

2. 将本章第 3 节所述的隐蔽分存方法应用在二值图像上,试看绘图结果如何.

3. 在第 3 节所述的隐蔽分存方法中,参数 a 的选取很有技巧:它与 1 太远不行,太近也不行(考虑计算上的舍入误差影响).那么,什么范围合适呢?

4. 按照图 6.7 与图 6.8 给出的像素块生成规则,将一幅给定的二值图像拆分成两幅杂乱无章的、毫无意义的二值图像(图 6.9).

5. 错位叠加问题:由一幅给定的二值原始图像设法生成一幅新的、不必有意义的二值图像 A,将 A 错位之后与 A 叠加,使得能够再现原始图像.为此,首先定义如图 6.14 所示的 8 种像素块,其中,(a)～(d)代表白色,(e)～(h)代表黑色.请给出图中 8 种像素块互相叠加之后的黑白关系.

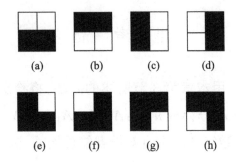

图 6.14　基本白色与黑色像素块

7 画图无定式

7.1 画图规则是什么

一般说来,画图要遵循一定的规则.大家都遵守统一的"游戏规则",有利于彼此理解与互相交流.前述的平面几何尺规作图,所用的那把直尺,不可有刻度,这是一种规定.从另一个角度看,也可以认为是一种束缚,"生锈"圆规作图更是这样.

函数作图规定坐标系.否则,人们画图各行其是,没有统一规则,很难互相沟通.但有了坐标概念,在深受其益之后,也体察到坐标带来的束缚. 于是又想甩掉坐标, 研究不依赖于具体坐标的表达方式 (如微积分中梯度、散度、旋度等概念的出现). 然而, 计算机上具体画图的时候, 仍躲不掉坐标.

即使离不开坐标, 仍然有很多的自由.

艺术家说"作画无定式", 其意是在基本规则基础上不拘形式、打破陈规. 它不是对基本规则的破坏, 而是突破那些习惯了的道路而独辟蹊径. 所讨论的数学上的画图, 说到深处亦然如此. 要问数学上画图规则是什么, 也可以说"画图无定式".

画图无定式, 并不是盲目随意. 追求自由, 不受束缚, 首先自然想到随机技术会带来自由. 于是, 将简单的概率知识用在计算机画图上, 可能导致不易预料的结果.

例 平面上任取不重叠、不在同一直线上的 3 个点, 分别记为 A, B, C. 任取第 4 个点, 记为 Z_1. 现在假设有一枚较厚的硬币, 当投掷它时, 有时呈正面, 有时呈反面, 也有时呈侧立状态 (虽然可能性较小).

当投掷它时, 如果呈正面, 则画出 Z_1 和 A 的中点, 记中点为 Z_2; 如果呈反面, 则画出 Z_1 和 B 的中点, 记中点为 Z_2; 如果呈侧立, 则画出Z_1和C的中点,记中点为 Z_2. 总之得到了 Z_2. 以后,重复这个过程. 也就是说,当知道了 Z_n 点以后,按如下迭代方法求出第 $n+1$ 个点 Z_{n+1}:

$$Z_{n+1} = \begin{cases} tZ_n + (1-t)A, & \text{硬币呈正面,} \\ tZ_n + (1-t)B, & \text{硬币呈反面,} \\ tZ_n + (1-t)C, & \text{硬币呈侧立.} \end{cases}$$

$$(7.1)$$

前面说的各个步骤取"中点",在这里相当于取 $t=0.5$. 假定硬币呈正面的概率为 p_1,硬币呈反面的概率为 p_{-1},硬币呈侧立的概率为 p_0,这里 $p_1 + p_{-1} + p_0 = 1$. 取迭代次数 $n = 100,500,$ $10000,\cdots$ 或更大. 画出所有的点,图形将是什么样,不容易立即料到!

图 7.1(a),(b),(c)指明在相应的参数下得到的图形. 假若给定了正六边形的 6 个顶点,类似的做法代替式(7.1),这里用

$$Z_{n+1} = tZ_n + (1-t)A_j, \quad \text{若骰子呈 } j \text{ 点;}$$

相应概率记为 $p_i,j = 1,2,3,4,5,6$.

那么,得到图 7.1(d),(e),(f),(g).

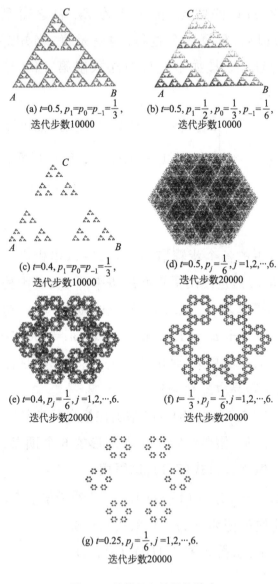

(a) $t=0.5$, $p_1=p_0=p_{-1}=\dfrac{1}{3}$,
迭代步数10000

(b) $t=0.5$, $p_1=\dfrac{1}{2}$, $p_0=\dfrac{1}{3}$, $p_{-1}=\dfrac{1}{6}$,
迭代步数10000

(c) $t=0.4$, $p_1=p_0=p_{-1}=\dfrac{1}{3}$,
迭代步数10000

(d) $t=0.5$, $p_j=\dfrac{1}{6}$, $j=1,2,\cdots,6$.
迭代步数20000

(e) $t=0.4$, $p_j=\dfrac{1}{6}$, $j=1,2,\cdots,6$.
迭代步数20000

(f) $t=\dfrac{1}{3}$, $p_j=\dfrac{1}{6}$, $j=1,2,\cdots,6$.
迭代步数20000

(g) $t=0.25$, $p_j=\dfrac{1}{6}$, $j=1,2,\cdots,6$.
迭代步数20000

图 7.1　计算机上的混沌游戏

从图 7.1 看出,概率的大小对图形清晰程度有影响.从整体到局部,这种影响有自相似的现象.随着迭代步数(即点的数目)的增大,这种影响逐渐减弱.

7.2 再画二叉树

现在考虑二值序列的一种图示方法.

把二值序列,如 0.0, 0.1;0.00, 0.01, 0.10, 0.11;0.000, 0.001, 0.010, 0.011, 0.100, 0.101, 0.110, 0.111;…;看成[0,1]上的二进制小数,并且把序列中的 0 与 1 分别和下述操作对应起来.

在平面上选定一点,想象面向正北方向站在这里.规定从这一点出发,如果向左转,向前走一步,步长 $h=1$,停留之处记为 0.0;向右转,前进 $h=1$,停留之处记为 0.1(图 7.2(a)).

当位于 0.0 点时,状态是面向西方.于是向左转,取步长 $h_1=\dfrac{1}{2}h$,那么到达的这一点记为 0.00;向右转,取步长 $h_1=\dfrac{1}{2}h$,那么这一点就是 0.01.

当位于 0.1 点时,状态是面向东方. 于是向左转,取步长 $h_1 = \frac{1}{2}h$,那么这一点就是 0.10;向右转,取步长 $h_1 = \frac{1}{2}h$,那么这一点就是 0.11(图 7.2(b)).

将 4 个 2 位小数 0.00,0.01,0.10,0.11 分别标定之后,下面要标定 8 个 3 位小数. 这时,认为在点 0.01 及 0.10 处,面向北方;在点 0.00 及 0.11 处,面向南方. 此外,规定前进的步长取为上次的一半,即 $h_2 = \frac{1}{2}h_1$. 又规定,向左转前进,所到之处的标定是在原位置的数后面置 0;向右转,后面置 1. 这样就标定了这 8 个 3 位小数(图 7.2(c)).

以此类推,每延长一位小数位,步长都是前次绘图步长的一半,并根据在当时出发点的方向,得到 2 倍数目的新点标定. 如此继续下去,便可以作出所谓 H 分形.

上面的规定中,说向左转、向右转,是按士兵操练的口令习惯,默认转身的角度是 90°. 但是,这里可以规定转角 θ 为其他角度. 此外,从绘图角度说,图中画线可以人为加进线的"宽度",于是可以产生各种图示(图 7.3).

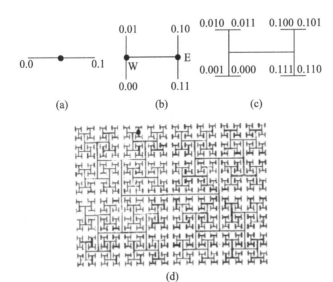

图 7.2　H 分形的逐次逼近

151

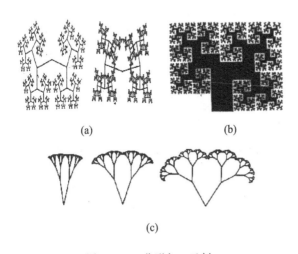

图 7.3　H 分形与二叉树

顺便说几句:图7.3给出的图形,道理上与H分形的画法一脉相承,但效果上截然不同.前者属于"科学",后者更像"艺术".不管怎样,实际上不过是二叉树的画图.作品的科学内涵与艺术"细胞"有严格界限吗?

基于数学技术,使用计算机这一先进工具,摆脱颜料与油漆,可以生成美术图案(艺术家也许不承认这是美术作品,这不要紧.毕竟这是一种"作品",当作是个代名词吧!).数学技术的进入,使作品有内在的数字结构.数学算法含有的参数可以自由改变,于是可以"制造"出许许多多的设计方案.当然,"制造"不是"创造",如上所述,或许得不到艺术家的认可.但是这种数学与计算机相结合的产物,提供了大量的视觉效果参考资料,给艺术家帮了大忙,他们会在无数的计算机作品中受到启发.回头来讲,计算机艺术是独特的,数字化技术产生的艺术作品,为什么必须与传统的工具和技法放在一起比较呢?其实,计算机艺术就是它本身的价值、它的个性.这是一段闲话.

7.3　数学纹理图案

首先欣赏一幅美术图案(图 7.4).从线条与区块的分布看,全局是对称的,但局部细节多变,色彩搭配、对比、过渡自然而和谐,给人以美的享受.再仔细观察其色彩渐变处理的精美,不免赞叹作者的细致与耐心.实际上,这不是画家的手工作品,而是一个带参数的数学公式所为.

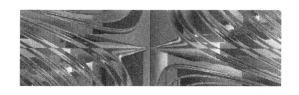

图 7.4　用数学公式在计算机上"计算"出来的图案

下面,就数学公式生成图案的话题作一番讨论.

设有二元函数 $z = f(x, y)$,$x, y \in [-1, 1] \times [-1, 1]$.目的是画出它的图形.通常理解它是曲面,按计算几何学的多种方法(第 4 章)可画出立体效果的曲面图示.

另一种图示方法是把它画在它的定义域上,通常的照片就是这样的表达.人们最常见的

等高线就是在定义域上表达二元函数(图 7.5
(a)). 当任意取定值域中的常数 C, 把它解释为
高度, 那么 $f(x, y) = C$ 是一条等高线, 也称等
值线、等位线, 它在地理、海洋、气象等大量问题
有广泛的应用.

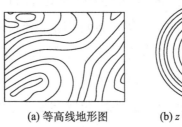

(a) 等高线地形图　　　(b) $z = x^2 + y^2$ 的等值线

图 7.5　令 z 取一系列常值时 $z = f(x, y)$ 在定义域上作等高线

　　从另外的角度、并从形式上观察图 7.5.
　　$z = f(x, y)$ 表达的是一张曲面, 它与不同高
度的水平面作截线, 投影在定义域上便是一族
曲线. 如果脱离开工程背景, 非常随意的设计二
元函数 $z = f(x, y)$, 借助计算机上灵活的色彩
显示方法, 可能得到别具一格的、呈现视觉上富
于美感的曲线族. 图 7.4 那样的图案就是用一
个二元函数生成的. 于是可以指望用计算机生
成千变万化、变幻无穷的图案. 除了自我欣赏之
外, 亦可为美术设计人员提供参考资料. 用这种
方法生成的图案, 可以称为"数学纹理".

顾名思义,数学纹理的生成,关键是选择数学中什么样的函数 $z = f(x, y)$.

选择的二元函数不可微性好、变化平缓,而应多有奇异性(间断、波动,甚至加进随机变量).例如图7.6,它们是对特定二元函数作等位线图形或直接计算函数值,然后在涂颜色的时候,利用了随机数.

(a) $z = \frac{1}{4}\sin2(x+y)\sin2(xy)$, $x, y \in [0, 3\pi]$

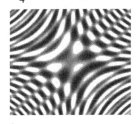

(b) $z = \frac{1}{4}\sin2(x+y)\sin2(xy)$, $x, y \in [-3\pi, 3\pi]$

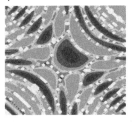

(c) $z = \ln\left(\left|\arccos e^{\sin(xy)+\sin(x+y)+\cos(xy)+\cos(x+y)}\right|\right)$, $x, y \in [-\pi, \pi]$

(d) $z=\sin\dfrac{x+y}{10}\sin(xy)\cos(x+y)$, $x,y\in[-5,5]$

(e) $z=\dfrac{1}{2}\sin\dfrac{x+y}{5}\sin\dfrac{xy}{10}+\dfrac{1}{100}(x^2+y^2)$, $x,y\in[0,20]$

(f) $z=\dfrac{1}{2}\sin\dfrac{x+y}{5}\sin\dfrac{xy}{10}+\dfrac{1}{100}x^2$, $x,y\in[0,20]$

图 7.6 二元函数作图

读者可以自己设定二元函数,充分运用那些如取绝对值、取整、提取符号、随机数等. 当设定一个表达式的时候,甚至自己也不能预料画出它的图会是什么样子. 然而, 美丽的图案必出现在这种"无定式"的计算机画图之中!

7.4　反常的绘图

本节介绍美国数学家奥提兹(E. L. Ortiz)和里夫林(T. J. Rivlin)的画图试验. 他们的试验, 说起来很简单, 就是把许多条曲线重叠画在一起, 通常谁都不会这么做.

大家知道, 在数学书刊上介绍一组函数的时候, 往往同时给出它们的图示. 为了插图的清晰明确, 自然逐个分开来画图. 例如, 切比雪夫(Chebyshev)多项式, 所有的教科书都画成图 7.7 的样子. 理所当然, 这样的画法无懈可击.

然而, 奥提兹和里夫林却一反常态, 把许多条切比雪夫多项式的曲线重叠画在 xy 平面的同一区域上(图 7.8). 这个举动看来有点胡闹! 但是, 只要仔细观察绘图的结果, 就会在那看来杂乱的结果中, 发现许多奇妙的现象, 真是发人深省!

n 次切比雪夫多项式定义为

157

158

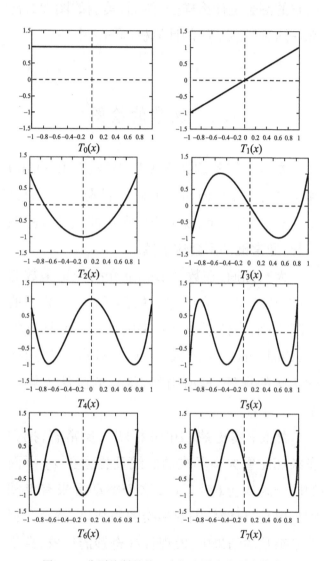

图 7.7 分别绘制的前 8 个切比雪夫多项式曲线

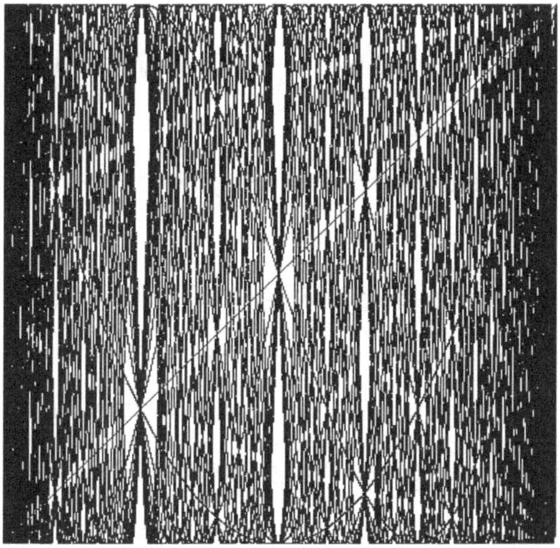

图 7.8　30 条切比雪夫多项式图像的叠加

$$T_n(x) = \cos(n \operatorname{arccos} x), \quad |x| \leqslant 1,$$

$$n = 0, 1, 2, 3, \cdots. \tag{7.2}$$

写出它的前 8 个

$$T_0(x) = 1,$$

$$T_1(x) = x,$$

$$T_2(x) = 2x^2 - 1,$$

$$T_3(x) = 4x^3 - 3x,$$

$$T_4(x) = 8x^4 - 8x^2 + 1,$$

$$T_5(x) = 16x^5 - 20x^3 + 5x,$$

$$T_6(x) = 32x^6 - 48x^4 + 18x^2 - 1,$$

$$T_7(x) = 64x^7 - 112x^5 + 56x^3 - 7x. \quad (7.3)$$

通常给的图示如图 7.7 所示. 重叠的画图结果如图 7.8 所示.

正是通过这种反常的、标新立异的画图方式才看到了新奇的景观:

(1) 有许多空白条纹出现,这些条纹遍布各处,条纹大大小小,好像分成等级;

(2) 无论再添加多少条切比雪夫多项式曲线,也不会有任何一条穿过这些空白地带;

(3) 一些空白部分的接续排列,形成隐隐约约的曲线路径,暗示存在关于 y 的切比雪夫多项式.

这些奇妙的现象导致许多新命题的研究. 首先,自然关心任意给定的两条切比雪夫多项式曲线的交点. 从方程

$$T_n(x) - T_m(x) = 0, \quad 1 \leqslant m \leqslant n$$

得出这两条切比雪夫多项式的交点为

$$a_j = \cos\frac{2j\pi}{m+n}, \quad j = 0, 1, 2, \cdots, \left[\frac{m+n}{2}\right],$$

$$b_j = \cos\frac{2k\pi}{m+n}, \quad k = 0, 1, 2, \cdots, \left[\frac{n-m-1}{2}\right].$$

再计算导数, $T'_n(x) = \dfrac{n\sin n\theta}{\sin\theta}, x = \cos\theta$, 得到

$$mT'_n(a_j) + nT'_m(a_j) = 0, \quad -1 < a_j < 1,$$
$$mT'_n(b_j) + nT'_m(b_j) = 0, \quad -1 < b_j < 1.$$

从这些性质,可以发现在空白条形地带隐含的抛物线、笛卡儿(Descartes)叶形线等. 在此不做引申.

奥提兹与里夫林把他们的作法,写成一篇小品文,以题目为 *Another Look at the Chebyshev Polynomials* 发表在美国数学月刊 *American Mathematical Monthly*, Vol. 90, No. 1, 1983)上.

本书作者对这一例子津津乐道,原因在于它令人耳目一新,其价值更在于它的启发性. 这里,计算机对数学新命题发现所能起到的作用可见一斑. 计算机上的数学实验会带来蓬勃生机!

7.5 线画艺术(Line art)

这一节介绍德灵格(Hans Dehlinger)的线画艺术,它也是画图无定式的一个典范.

大家知道,平面上的折线是首尾衔接的线段构成的. 相邻的线段(向量)之间,后一个是对

161

前一个旋转一个角度做成的.一条平面折线,假若它的起点、每个线段的长短、相邻线段(旋转)的角度、线段的个数给定,那么这条折线就完全确定下来,并且不难用复数写出折线的生成过程.

德国著名工业设计家、卡塞尔大学的德灵格教授认为:少数几条折线并不能给人以特别的感觉.然而,一旦折线的条数非常多,而且密集、杂乱、随机堆放,那么将产生强烈的视觉冲击,这是设计家必备的体验.于是,他在电脑驱动的大型平板笔绘仪上,创造性地绘制了大量的线画作品.说起来很简单,实际上,德灵格教授把折线的起点、每个线段的长短、相邻线段(旋转)的角度、线段的个数,都在一定的范围内随机地取数,采用了复数计算的数学方法.每幅线画里折线的条数多达几万甚至十几万条!

图7.9是德灵格线画艺术的两个例子.图7.10是一幅肖像画,它是本书作者1994年用德灵格的线画艺术手法,画的德灵格其人,德灵格见了开心大笑,说"比我自己更像德灵格"!

德灵格教授的线画艺术作品在欧美各地巡回展出,在设计界引起巨大轰动.

试问,假若没有计算机,没人想用那么多数

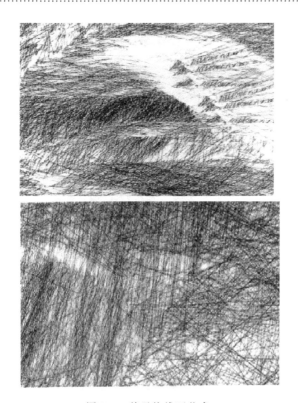

图 7.9　德灵格线画艺术

学里的随机技术,会出现这些有价值的线画艺
术吗?

　　前面提到过,德灵格线画艺术作品是在大
型平板笔绘仪上完成的.如果没有足够的细节,
就不能充分显示这种艺术的魅力.通常在计算
机屏幕上显示的画面,相对于线画艺术而言,分
辨率远远不够.

图 7.10　用德灵格线画艺术的手法绘制的

德灵格教授的肖像

7.6　不受约束的四点格式

这里,再谈一个反常的举动.

"四点格式"是几何造型的一个简单而有用的插值方法. 这种插值是一类典型的从整体到局部逐次加细过程. 说来简单,它的基本步骤是从相邻的 4 个给定点,确定一个中间点.

如图 7.11 所示,设依序给定 4 个点 $A, B, C, D, P = \dfrac{A+D}{2}, Q = \dfrac{B+C}{2},$

$$R = (1-t)P + t\boldsymbol{Q}. \qquad (7.4)$$

这就是说,在原来的点列 $ABCD$ 中加入一个新的点 R,使点列成为 $ABRCD$.

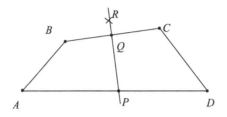

图 7.11　从相邻四点生成一个新的点

现在已知有序点列

$$P_0, P_1, P_2, \cdots, P_n, \qquad (7.5)$$

为了生成平面上的封闭曲线,令 $P_{-2} = P_{n-1}$,$P_{-1} = P_n$,$P_{n+2} = P_1$,$P_{n+1} = P_0$,这样一来,在点列的开始与末尾都照样可以使用四点格式. 把这个点列 $\{P_j\}$ 中每相邻 4 点视为图 7.11 中的 A, B, C, D,于是确定出相当于 R 的这个新的点. 也就是说(7.5)式,经过一次插入,成为 P_0, $R_1, P_1, R_2, P_2, R_3, \cdots, P_n, R_{n+1}$. 接下去,根据这个新点列,再使用四点格式插入更新的点,依此进行下去,越插越密(图 7.12).

一个必须解释的关键问题是,式(7.4)中的参数 t 取什么数?

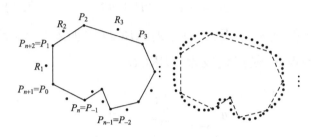

图 7.12 四点格式的新点插入

实际上,四点格式的最初使用是为了解决几何造型中的封闭曲线拟合问题. 一旦给出有序的离散点列,它已经大体上给出了人们追求的那条曲线的轮廓. 按四点格式,通过每步的计算,把前步已有的点列加密至 2 倍点数,并依次加密下去. 为了加密的结果接近人们追求的轮廓曲线,必须恰当地选择参数 t. 研究与实验表明,当 $t \approx 1.1$,可以得到一条连续曲线;进而,如果要求生成有连续导数的光滑曲线,就应该问参数须取什么值等. 这种研究参数的问题是为了几何造型的需要.

这里不准备讨论这个计算几何专题. 关心的是,当随意给出参数 t 的时候,将会产生什么样的图? 一般说来,并不能一概而论地认为得到的必是一条曲线,只能说得到的是点集. 其实,生成足够多数量的点,才能看到点集的总体概观. 通过改动参数 t, 可以生成各种各样的点集, 其中, 必有你喜欢的那种.

图 7.13 有 4 组图例. 每组例中有 6 个图形,

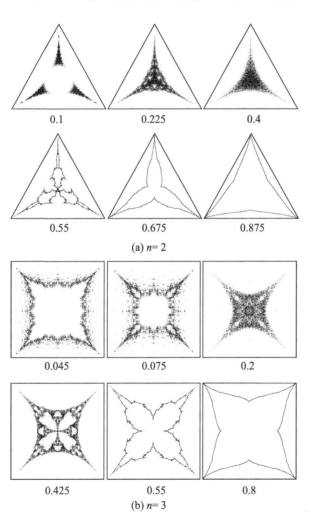

0.1   0.225   0.4

0.55   0.675   0.875

(a) $n = 2$

0.045   0.075   0.2

0.425   0.55   0.8

(b) $n = 3$

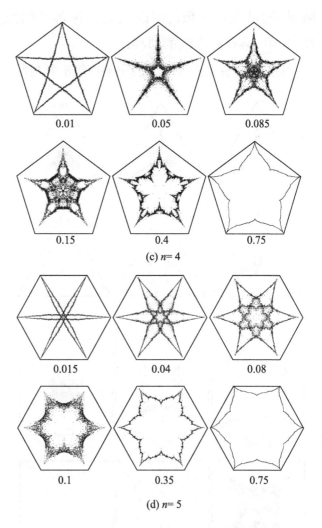

(c) *n* = 4

(d) *n* = 5

图 7.13　初始点为 3, 4, 5, 6 时生成的图形

最初给定的点都是正多边形的顶点. 每个图形
下面标出的数字, 是这个图形对应参数 *t* 的取

值.中国学者戈建涛充分运用计算机上选取参数的技巧绘制出各种精彩的画面,不一一列举.

小　　结

灵活的利用数学方法和计算机编写程序的技巧,可以在计算机上绘制出千变万化的图形.在通常画图的规则之外,大胆尝试,不受束缚,或许有奇妙的发现.既然认同画图无定式的见解,那么本节的内容当然不是给出另一种"定式",它们仅是几个例子而已.至于第3节介绍的奥提兹(E. L. Ortiz)和里夫林(T. J. Rivlin)的画图试验,表明计算机上画图是不可或缺的实验手段,可以发现新的数学命题.

有必要提及这样的事实:依靠计算机强大的画图功能,数学家致力研究表现真实感对象的方法,这种研究当然非常有用.惟妙惟肖的人物造型、以假乱真的自然景物等,已经并将继续在仿真、模拟、电影电视领域发挥极大的作用.但同时,"非真实感"的计算机画图研究方兴未艾.例如,计算机上对油画及素描效果的表现,突出强调的是艺术抽象,而不是真实;又如,中国的水墨丹青与书法、多种风格的动画片制作.这些"非真实感"的画图,毫无疑问,也要有相应的数学算法作支持.国内浙江大学潘云鹤、于金辉等专家,致力于计算机上非真实感画图方面的研究,值得读者注意.

思 考 题

1. 本章第 1 节的例题(143 页)中给定了 3 点.如果这 3 点位于同一直线上,结果如何?类似地,可以研究给定 4 个点、5 个点的情形.在给定正六边形 6 个顶点的情形,图 7.1 给出了几个结果.现在,假定

$$t = 0.3, \quad 0 < p_1 < \frac{1}{6}, p_2 = \cdots = p_6.$$

试通过迭代画出图来.(结果参见图 7.14.)

2. 在四点格式中参数 t 的选择可以不是固定的常数,那么可以有下列两种作法:

(1) 在插入新点的各步 t 取不同常数;

(2) 在插入新点的各步 t 取随机数.

在计算机上给出图例.

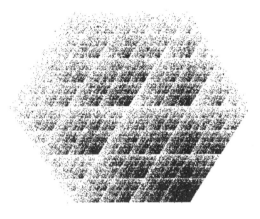

图 7.14　$t=0.5$，其一概率 0.5，其他皆 0.1，迭代 2 万步

3. 自己设定几个二元函数，作出几样"数学纹理"。

171

8 你看见了什么

8.1 对图的理解

与画图紧密相关的问题是看图. 如前所述, 人之所以能分辨出图画表达的是什么, 是因为人有社会经验. 刚刚生下的婴儿不认识妈妈, 但过了一段时间, 脑中积累了妈妈的特征, 从此就认不错人了. 人的大脑中, 有一个不断丰富的知识库, 看到一个图形, 总是与他大脑中的"知识库"建立联系, 在他已经知道的知识范围内作比较判断. 然而, 若他遇到的是他的经验不足以得出结论, 或者他从未经历过的, 那么就会出现麻烦. 必须强调指出,在探索自然界奥秘的过程中,科学家孜孜不倦为之奋斗不息的,恰恰是那些几乎全然不了解的现象,也就是人脑中的知识库不可能是绝对够用的. 因此,如何理解图形信息,成为异常复杂的问题.

各种各样的图形提供的视觉信息,在各类信息中占绝大比例. 对图的理解,一方面从数学入手,学习与积累数学知识,如数学中的各种几何学:平面几何、立体几何、解析几何,还有计算几何、分形几何、非欧几何、代数几何、拓扑学,甚至还包括函数逼近理论、数论、抽象代数及集合理论等. 然而,只是数学知识还远远不够. 也许更基本的,必须与视觉机理联系起来研究图形. 用眼睛观察一幅图画,大脑给出的结论是否符合客观实际,这并不是可以简单回答的问题. 看图和理解图,必然与视觉生理学、心理学、脑科学紧密相关.

这一章,将要列举大家熟悉的图片,说明人在观察图形时会出现的现象,从中体会视觉信息处理中隐含的复杂问题.

8.2 二 义 性

观察图 8.1(a),画的是一本打开的书. 但是如果问你这本书是向前打开,还是向后打开,那是不能确定的. 换句话说,这幅图具有二义性.

图 8.1(b)流行很广. 它的题目是 *my wife and my mother in low*. 只要仔细观察,它既可以理解成画的是一位少妇,也可以理解为一位老婆婆. 图 8.1(c)像是鱼缸里两条金鱼,水草下垂,气泡上浮,也可以理解为画的是一个女孩的两只大眼睛,浓密的头发,脸上有一些雀斑. 至于图 8.1(d),可以说画的是一只兔子,也可以说是一只鸭子,难以定论.

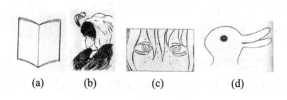

(a)　　(b)　　(c)　　(d)

图 8.1　具有二义性的图例

8.3 错　　觉

图 8.2 中上下两条横线实际上长度相等,可是正常视力的人,都觉得下面的横线更长一些,这就是错觉.出现这类错觉,原因在于除了横线,又添加了箭头符号.可以认为这添加了的图形是干扰,或说是"噪声".

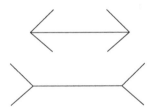

图 8.2　错觉:上下两条横线实际上长度相等

图 8.3 看起来像螺旋.实际上,当你盖住一半的图像,就会明显看到是一系列的同心圆.

图 8.3　克塔卡的螺旋

175

图 8.4 中的 3 幅图, 分别表现平行线和一族正方形. 但大家都觉得它们歪歪斜斜. 当感兴趣的图形被置于其他图形之中, 这种图形之间的视觉影响显现出来. 由于绝大多数的图形都与周围环境中其他众多事物混杂在一起, 应该说这种影响是普遍存在的.

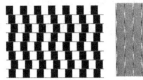

图 8.4　平行线与正方形

上面列举的图例都很简单, 突出表明了这种影响. 令人反思的是, 当观看各种各样景物的时候, 由于图形之间的影响, 一般说来, 不能说得到结论毫无差错.

8.4　视　幻

客观不存在的场景, 在某些时候被某些人说看到了, 这难道一概是胡言乱语或装神弄鬼吗? 实际上, 当人置于某些特定的景物之中, 可能产生幻觉.这时,他说看见了,未必是谎言.

　　首先给出一个平淡的例子(图8.5).说平淡,意思是这个例子使人产生少许的幻觉,接下再看更明显的图例.图8.5中两个图例引自工业设计的基础教科书,它说明某些纹理图案让人看上去产生迷乱或动感,这种效果被广泛用在装潢、广告、服饰的设计上.其他,如身材短矮的人不宜穿横向条纹的外装之类,都是考虑了人们的视幻效果.此类图例不胜枚举.

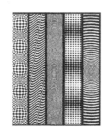

图8.5　产生视幻的曲线族

　　图8.6是意大利视觉科学家 B. 皮娜和 G. 格力斯塔夫在 1999 年制作的,这是在经典弗拉瑟螺旋幻觉基础上的一个变化.当集中注意力盯着中心的点,前后移动头部,那么就会感到内部的环自转.

　　下面这幅画题材来自圣经,是艺术巨匠米开朗基罗(Michelangelo di Ludovico Buonarroti

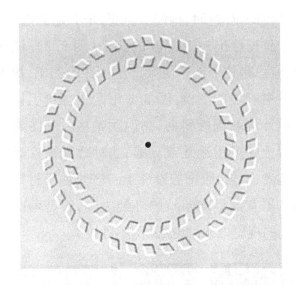

图 8.6 旋转的圆圈

Simoni，1475～1564）创作的不朽作品《创世纪》的局部（图 8.7）. 壁画《创世纪》绘在罗马梵蒂冈城内西斯汀礼拜堂的天花板上，表现了 9 个故事，这是其中一个：《创造亚当》. 在这幅画中，亚当悠闲地斜靠着，伸手去接触那赐予生命的上帝. 亚当的左手似将移动，充满了被控制住的感觉. 而上帝则上前伸出右手食指. 这两只手是整个创世纪的象征. 画面的中心焦点，是神指和人指的接触.

当以虔诚的心情注视两只手之间最光亮的地方，并渐渐走向前去，视幻作用使你感到双方

图 8.7　手指的接触

手指逐渐靠拢,以至于接在一起.米开朗基罗巧妙地利用人类在视觉生理学、心理学中视幻方面的知识,完成了这一创作.

为了测试与体验这类视幻现象,可以在一张白纸上画出图 8.8(a)的两只手.将睁开的双眼紧盯着图中两指间的空地.然后,徐徐将纸片拉近眼睛,并始终保持双目睁开的状态.这时,你就会看到两指尖的接触.图 8.8(b)是类似的测试:睁开双目、盯住中心位置、将画面拉近,于是你感到了太阳在发光!

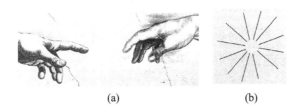

(a)　　　　　　　　(b)

图 8.8　画在纸上可以试验

179

8.5 "不可能"图形

荷兰版画家埃舍尔(M. C. Escher)创作了大量属于"不可能"图形的作品,一时风靡全球!所谓"不可能"图形指的是虽然画出了图形,但它在现实世界中是不可能出现的. 例如,图8.9(a)所示的三角形木框,造出它来是不可能的(图8.9(b)).

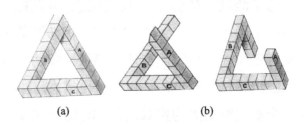

(a)　　　　　(b)

图8.9 "不可能"存在的三角木框

大家来欣赏埃舍尔的另一幅作品(图8.10(a)).楼顶有两队僧侣,一队沿着永远上升的台阶行走,另一队沿着永远下降的台阶行走.台阶的样子如图8.10(b)所示,称为彭罗斯台阶.易见这是"不可能"图形.

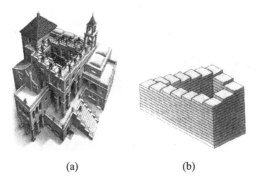

(a)   (b)

图 8.10   彭罗斯台阶

8.6   魔术师的幽默

埃舍尔的另一创作中出现更多的"不可能图形"(图 8.11),画面的左下角画有一个人在摆弄一件东西,放大之后如图 8.11 右图所示. 这个用板条钉成的箱子怎么看都是不可能的.

值得注意:美国魔术师杰瑞·安德鲁斯公布了一张真实的照片. 请看,魔术师竟然进入这样的板条箱! 须知,这张照片本身并没有作假,他们命名为《疯狂的板条箱》(图 8.12).

他怎么能把木板以不可能的方式连起来呢? 无需更多解释,只要看看下一张照片就明

图 8.11　不可能存在的板条箱

图 8.12　疯狂的板条箱

白他是如何完成的.

原来,疯狂的板条箱是从另一个角度看的,
图 8.13 显示了它的真实构造. 由这个故事知道

摄影技术表现的图形,也可能使欣赏者上当受骗.摄影机的位置或者说摄影家的视点很关键.反过来想,根据一张照片,能否反过来求出摄影机的位置呢? 这是一个很有实用价值的问题,这里不再多谈.

图 8.13 另一个角度的拍摄

183

总之,当欣赏不可能图形的时候,无不为其奇妙的构思而惊叹.然而,"味道"不仅如此.更重大而深入的意义在于它给予人们思想上的启发.作为版画家的埃舍尔,画过许多在数学上很有意思的画,那里充满着哲理——有限与无限、低维与高维、静止与运动、…….埃舍尔的超前思维,使得他在青年时代被人误解为"想入非非"、"无所作为",是数学家和物理学家在他的一次个人画展中发现了他的价值.

8.7　你看到的是它的影子

看一幅画常常指的是平面上的图形. 但是, 像建筑物、家具、雕塑等立体的图形比比皆是, 它们蕴含更多的信息. 作为欣赏者, 往往只观察它的某些侧面.

值得一提的是, 立体图的一些侧面, 会引出奇妙的景象. 实际上, 这就是数学上的投影. 一位日本艺术家构思了一件雕塑作品, 从一个侧面看, 它是一个人在弹钢琴; 从另一侧面看, 那是演奏小提琴. 雕塑家给它取名《二重奏》. 只要看图 8.14 中间的图, 便明白怎么回事.

聪明的日本艺术家, 将许多吃饭用的刀子、叉子和勺子组合起来, 在特定的光照之下, 投射出一辆摩托车的影子(图 8.15). 艺术家将这个立体雕塑叫做《摩托车的影子》, 其实, 应该说"它的影子是摩托车", 但后者的直白不如前者风趣.

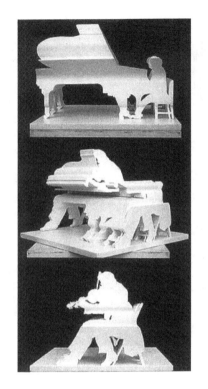

图 8.14 二重奏

我们要追问:这是什么道理呢?

先考虑一件简单的事情. 一个球, 无论光线从哪个方向照过来, 球在地上的影子都是黑黑的一片. 然而, 事先将球打一个贯穿的洞, 那么光线沿着这个洞的方向照过来, 这个球的影子可以不是黑黑的一片, 中间会出现明亮的地方. 当然, 你可以多打几个洞, 沿不同的方向打洞,

图 8.15　摩托车的影子

还可以打方形的洞等. 多费些心思, 可以得出很多奇怪的影子.

　　数学上, 已知投影, 求原型, 并不总容易. 有时问题无解, 有时出现多个解. 画图中的数学问题丰富多彩又见一斑.

小　　结

画图和看图这两件事紧密联系在一起,深入研究图形必然涉及人类的视觉生理学、心理学、脑科学.常言"放眼世界",当睁开眼睛观察大千世界的时候,是该想想"到底看见了什么".

顺便谈几句有关科学与艺术融合的闲话:物质文明与精神文明造就人类社会,科学技术进步的每项成就无不有美学的内涵,艺术创作的基础总与科学发现及技术进步息息相关.

科学求同,艺术求异;科学着眼于发现,艺术着眼于发明;强调客观还是强调主观,两个领域的认识不尽相同.然而,科学与艺术从来不是对立的,正如李政道先生所说:"科学和艺术是一个硬币的两面,是不可分割的."科学家与艺术家都在思考与探索大自然的奥秘:宇宙的生成,人类的起源,生命的本质,世界的未来,…….对大自然和人类自身的思考,是科学与艺术的共同使命.有一本流行的书 *Godel, Escher, Bach: An Eternal Golden Braid* (Hofstanter. Douglas, Vintage Books, 1979),谈的是数学、美术与音乐,它把数学家哥德尔、版画家埃舍尔、作曲家巴赫紧密地联系在一起大发议论,是值得一读的好书.

思　考　题

1. 图 8.16 画的叉锹有几个齿?箭头有几个?砖有几块?

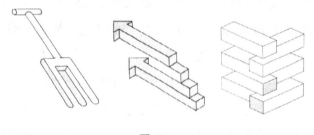

图 8.16

从这些图画,除了它们的二义性之外,还可以联想更多.人类对大自然的认识,目前仅限在"叉锹的齿附近"(或者只在"箭头尾巴的邻域").那么,大自然的"全局"与本质是什么?

2. 图 8.17 表达了多少件工具?

面对客观图景,能否区分或怎样区分"主角"与"配角"?特别当对客观图景的了解很不

图 8.17

充分的时候,如何提取内含的信息?

3. 埃舍尔有一个作品,画的是两只手:左手画出右手,而右手又是左手画的(图 8.18).请多方面玩味它的含义,如平面与立体、自我相关、有限与无限、因果关系等.

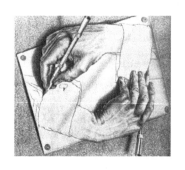

图 8.18

4. 一个球,在顶灯照射下,它投到地面的影子是一个圆.如果某个立体,在某个光照方向之下,它的影子是一个圆,这立体只能是球吗?

结束语

美学家朱光潜先生在他的论著中有一段话,被不少人引用:

"有人问圣·奥古斯丁:'时间究竟是什么?'他回答说:'你不问我,我本来很清楚地知道它是什么;你问我,我倒觉得茫然了.'"

本书讨论画图中的数学,其内涵不及"时间是什么"那么深奥.但类似的问话出现在本书的开头:什么是图? 似乎谁都明白,但谁也说不清楚.本书尽管讨论的是画图的数学,却也没有回答这个问题.

事实上,图是人类文明的产物.要想弄清图的本质,涉及人的视觉生理学、心理学、脑科学,像"思维是什么"等一系列的问号都与对图的认识相关.因此,只能在研究图画各个侧面的过程中,逐渐认识什么是图.

显然,关于图的学问,本书讨论的只是"冰山的一角",像叫做"图论"的这一重要数学分支内容,这里完全没有涉及.纵观全书,强调的重点之一是画图工具与数学的交互影响.特别着重议论了现代数字计算机绘图工具的飞速进步,使人类借此变得更加聪明.

这里特别引用一幅有趣的图画.

令人赞赏的是,图画简炼而巧妙地表达了人类进化过程中,使用工具这件事是多么重要!

没有数学,计算机出现不了;有了计算机,数学如虎添翼.数学的未来发展,势必影响着超强计算机的诞生.这里,仍然用"计算机"这个词称呼它,因为目前还没法搞清未来"计算机"是什么形象和怎样的功能,也就没办法制造恰当的词汇.但有一点可以肯定,现在的与未来的事物,不可同日而语!

说到这里,想讲几句闲话.本书作者在计算数学专业毕业前夕,极其幸运地得到罕见的机

191

会在电子计算机上作实习,之前只用过手摇及电动计算机.实习题目是用差分法求解 10×10 网格上的拉普拉斯方程.这个问题,如果让现在学过数值方法的大学三年级学生做,从拿到问题到交上作业,两个小时足够了.可当时是 10 个同学合作,还有一位高水平的老师具体指导,每天 2 小时上机操作机会,用了一个月.在胜利地给出答案之时,个个感觉自己是个英雄!那是 1963 年的事.

每当对学生提起这段往事,他们都笑出声来,会问当年的大学生怎么那么笨哪!其实,哪里知道为了算一道小题,必须把要做的事情全部翻释成 0,1 码,再凿成一条长长的穿孔纸带:没穿孔的地方代表 0,有孔代表 1,任何一个错误都导致失败.修改一个搞错了的孔,那要很细心的同学才做得来,……,人们必须把大量的精力用在这些地方.

当时用的计算机叫 M-103,运算速度仅仅 2000 次 /s,百余平米的房间布满了电源柜、电风扇,动不动就停机. M-103 是"真正"的计算机,因为它只能作普通的"计算",不像现在的计算机这么"名不符实":除了能计算,还能作符号演算,还可以证明定理,更能画出复杂而漂亮的立体图甚至动画.那台2000次/s运算的 M-103,当年设在中国科学院计算所,有持枪士兵把守,国家天文台、气象局等重要任务都在这里完成,M-103 立下过汗马功劳!

　　如今,还是那个地方,还是那个中国科学院计算所,那里的专家们现在研制的芯片,不过一张普通邮票大小,做了一代又一代,一代更比一代强.已投入运行的曙光 4000A 机群,运行速度 10 万亿次/s(这是 2000 次/s 的多少倍呀?).除了计算速度的提升,更有对用户各种不同应用的支持.这样超强的计算机,在处理图形与图像方面,更令人赞叹!

　　画图的数学研究将与所用工具的更新换代同步前进.这本书讲的数学道理会是持久的,某些技术或许被淘汰.对未来"计算机"画图的神奇,本书的青年读者将有机会亲身体验,并以它与数学为双翼,展翅翱翔!